基于多重共现的知识发现方法

庞弘燊　著

科学出版社
北京

内 容 简 介

通过分析共现现象可以从多个角度解释、挖掘隐含在论文中的各类信息，揭示论文与论文之间的内容关联和逻辑关联。但是，目前对共现现象的研究主要从两个特征项共现展开，本书基于多重共现的知识发现方法的研究致力于将三个或三个以上特征项共现的现象作为研究主体，在总结现有的共现研究方法、数据挖掘技术、可视化技术、知识发现方法的基础上，拓展共现现象的研究范围。本书界定了多重共现的概念，构建了一套多重共现的基础理论体系，研究了可用于多重共现的可视化方式，设计并开发了三重共现的可视化分析工具，并进一步构建了基于多重共现的知识发现方法的分析体系，包括共现关联强度、被引关联强度、共现突发强度三个方面，最后通过实证研究验证了该套方法体系的分析效果及其可应用的研究范畴。

本书可供图书情报、数据挖掘、可视化分析、科技管理与评价等研究领域的科研人员与工作者参考。

图书在版编目(CIP)数据

基于多重共现的知识发现方法 / 庞弘燊著. —北京：科学出版社，2017

ISBN 978-7-03-052943-5

Ⅰ. ①基… Ⅱ. ①庞… Ⅲ. ①知识工程 Ⅳ. ①TP182

中国版本图书馆 CIP 数据核字(2017)第 116093 号

责任编辑：裴 育 纪四稳 / 责任校对：桂伟利

责任印制：张 伟 / 封面设计：蓝 正

科学出版社出版

北京东黄城根北街 16 号

邮政编码：100717

http://www.sciencep.com

北京九州迅驰传媒文化有限公司 印刷

科学出版社发行 各地新华书店经销

*

2017 年 6 月第 一 版 开本：720 × 1000 B5

2019 年 2 月第四次印刷 印张：9 插页：2

字数：181 000

定价：80.00 元

(如有印装质量问题，我社负责调换)

作 者 简 介

庞弘燊　1983 年生，中国科学院文献情报中心情报学博士，全国专利信息师资人才，兼职硕士生导师，现为深圳大学图书馆副研究馆员，曾工作于中国科学院广州生物医药与健康研究院信息情报中心。主要研究领域包括科学计量学、情报计量学、专利计量学以及科技政策管理研究、软科学研究等。主持科研项目 18 项，其中包括国家自然科学基金青年科学基金项目 1 项，中国科学院及省部级项目 10 项；组织撰写情报分析报告 20 余篇，其中专利与情报分析报告曾获国家部委采用及地方政府领导批示；在 SCI/SSCI/CSSCI 等收录的期刊中发表论文 40 余篇。

作者简介

前　言

基于学科领域科技论文多重共现的知识发现方法是将各学科领域科技论文载体中的多特征项共现信息定量化、重点热点信息内容可视化的分析方法。目前国内外对特征项共现的研究方法以及工具软件多集中在两个特征项之间共现的研究，本书基于多重共现的知识发现方法的研究致力于将三个或三个以上特征项共现的现象作为研究主体，在总结现有相关的共现研究方法、数据挖掘技术、可视化技术、知识发现方法、情报计量分析方法的基础上，拓展共现现象的研究范围，以期设计出一套可应用于学科领域分析的多特征项共现情报计量分析方法，最后从应用研究的角度对所提出的理论方法进行验证。本书研究的情报计量分析方法在反映科学活动规律和科学知识领域方面可以增加多个分析角度和信息来源，并能为研究人员、科研管理部门多方位了解科学活动模式提供可靠依据。

本书的主要内容如下：

1) 共现相关理论的研究

对国内外共现相关领域的研究背景、发展现状与趋势、相关研究的理论与实践等进行研究；归纳目前不同共现研究的特点，并对不同特征项共现的知识发现与情报计量分析方法所能揭示的知识内容进行分析。

2) 多重共现基础理论体系的构建

构建起一套独特的多重共现基础理论体系，包括多重共现的定义及研究范畴、用于多重共现的变量符号、多重共现的矩阵定义、多重共现分析系数的计算公式、多重共现的数据组织形式等。

3) 多重共现可视化分析工具的研究与开发设计

通过对比不同共现可视化方式的特点，分析可用于多重共现的可视化效果，并针对多重共现知识发现分析过程的前期步骤(数据处理和多重共现可视化图生成)，设计和开发多重共现知识发现可视化分析工具(MOVT)。

4) 基于学科领域科技论文多重共现的知识发现方法的理论与实证研究

通过应用多重共现情报计量分析方法的理论，挖掘不同学科领域的研究热点、研究重点、主要科研机构、发文场所、重要科学家等，以及它们之间的关联关系，验证分析方法的理论可行性和实际分析效果。

本书内容主要源于作者自2009年起在中国科学院攻读博士学位期间的研究，以及自2012年参加工作至今持续对相关研究内容以及实证案例分析部分的补充和完善。书中部分研究内容在2015年获得国家自然科学基金项目(71403261)的资助，并在后续不断深入研究的过程中相继获得深圳大学人文社会科学青年教师扶持项目(17QNFC30)、ISTIC-THOMSON REUTERS科学计量学联合实验室开放基金项目、中国科学技术信息研究所情报工程实验室开放基金等的资助。书中部分研究成果已经发表在《情报学报》、《图书情报工作》等刊物上。

本书凝聚了众人的智慧和努力，包括作者的博士生导师方曙老师，以及中国科学院文献情报中心、中国科学院成都文献情报中心的老师和同学等都给予了相关的指导和帮助；同时，中国科学院广州生物医药与健康研究院和深圳大学图书馆的领导和同事也给予了相关的支持，在此向他们表示诚挚的谢意。感谢科学出版社对本书出版给予的大力支持和帮助。在撰写本书过程中，除调查检索分析所获取的相关数据，作者还参考了许多相关的中外文文献，但由于研究分析的数据量较大、参考文献较多，难免会有所疏漏，在此对所有文献作者表示衷心的感谢，同时也欢迎广大同行和读者就相关问题进行交流和讨论。

庞弘燊

2016年12月于深圳

目　录

第1章 绪　论

科技发展日新月异，在信息迅速膨胀与高度开放的今天，随着科学知识的普及、科学思想的传播、科学理论的研究、科学成果的应用和推广等，信息源越来越庞大。在激增的信息当中，包含着许多科学活动规律的重要知识。

1.1 研究背景

文献计量学者很早就注意到论文共现(co-occurrence and occurrence)现象，通过分析共现现象可以从多个角度解释、挖掘隐含在论文中的各类信息，揭示论文与论文之间的内容关联和逻辑关联。由于共现现象可以转换为形式化的表述方式(如共现矩阵)加以定量测度，尤其是在计算机技术的辅助下，共现分析以其方法的简明性和分析结果的可靠性，成为支撑信息内容分析研究过程的重要手段和工具，受到研究者的关注并得到了大量理论探讨与应用研究。

在学术期刊上公开发表的论文，都有着比较严格的著录规范，包括正文以及一系列对论文相关信息进行描述的特征项。因此，期刊论文作为科学知识、科研成果的有形载体，除了直接反映成果的研究内容，还蕴藏着大量表征科学活动基本性状的信息。例如，题名是对论文主题的扼要表达；关键词是反映论文主题的学术词汇；摘要是对论文内容的高度概括；而其他特征项如作者、机构、引文、发表期刊、出版年份等则是对论文外部特征全方面、多角度的补充。

这些在学术期刊上单独成篇发表的论文数据看似孤立，实则有着千丝万缕的关联。每一篇论文都由若干个特征项(entities)组成，包括关键词、作者、机构、发表期刊等[1]。这些特征项结合在一起构成了一篇论文的重要特征，也是论文之间相互区别的重要特质。在文献计量研究中，通常用分析特征项之间关联的方法探索论文的关联，进而映射科学领域在不同方面的关联结构，揭示科学活动的发展规律。

而要实现对海量论文数据的量化分析，就必须对文献数据进行特征提炼，抽取可以定量分析的结构化数据。揭示某种特征项内部的关联结构是目前大部分可视化技术所能实现的，并在科学计量研究中被广泛应用，如聚类分析和多维尺度分析等。这些可视化技术揭示的是一种特征项之间的关系，如关键词共现、作者合作、文献共被引等，然而，这些关系揭示的信息存在一定的局限性。

众所周知，作为反映科学论文特征的不同特征项之间，也存在千丝万缕的联系。例如，施引论文与被引论文两种不同特征项之间的相互引用关系，作者与关键词之间的使用关系，论文与论文作者之间的隶属关系等。到目前为止，许多研究者已经对论文中特征项之间的联系进行了多方面的研究[2-25]。

1.2 国内外相关研究领域的发展现状与趋势

1.2.1 知识发现的理论与实践研究

知识发现又称数据库中的知识发现(knowledge discovery in database, KDD)，是指从大量数据集合中识别出有效的、新颖的、潜在有用的以及最终可理解模式的高级处理过程，数据挖掘(data mining)是知识发现过程中的一个主要步骤[26]。目前国际上知识发现的研究方向主要以知识发现的任务描述、知识评价与知识表示为主线，以有效的知识发现算法为中心，以知识发现模型为重点，研究知识发现自身的运行机制和内在机理及其在各领域中的实际应用。

知识发现的基本任务包括[27]数据分类、数据聚类、衰退和预报、关联和相关性、顺序发现、描述和辨别、时间序列分析等。知识发现的过程如图 1-1 所示，可以概括为三部曲，即数据准备(数据筛选、数据预处理、数据变换)、数据挖掘以及结果的解释评价。

目前国内外基于数据库本身的知识发现研究，除了借鉴数据库知识发现的理论，主要是运用聚类分析、神经网络方法、决策树方法、粗糙集技术、遗传算法、关联规则挖掘等数据挖掘算法分析发现数据集中数据之间的关联关系。

1.2.2 共现的相关研究

1. 共现的基本理论研究

目前国内外已有很多关于各种类型共现现象的研究，包括相同类型特征

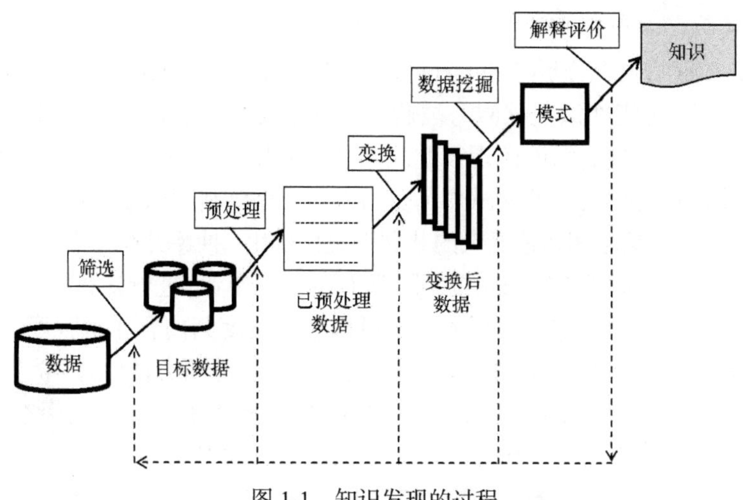

图 1-1　知识发现的过程

项的共现研究(co-occurrence)和不同类型特征项的共现研究(occurrence)。相同类型特征项的共现包括论文共现、关键词共现、作者共现等，其中研究最早、影响最大的是论文共现。不同类型特征项的共现包括作者文献耦合、作者关键词耦合等。以下是目前各种共现类型的研究现状。

1) 文献耦合(bibliographic coupling)

文献耦合是指文献通过参考文献进行的耦合。具体地，就是当两篇文献共同引用了一篇或多篇文献时，这两篇文献之间的关系就称为文献耦合。耦合的强度取决于共同参考文献(被引文献)的数量。Fano 在 1956 年注意到这种现象，首次提出文献耦合的概念和思路，但之后并没有引起人们广泛的关注[2]。1963 年, Kessler 在对 *Physical Review* 期刊进行研究时注意到越是学科专业内容相近的论文，它们参考文献中的相同文献的数量就越多，于是他把两篇(或多篇)同时引用一篇论文的论文称为耦合论文，并把它们之间的这种关系称为文献耦合，相同参考文献的数量即耦合强度[3]。两篇文献的耦合强度越高，说明这两篇文献之间的研究主题越相似。在美国科学情报研究所(ISI)的 Web of Science 数据库中，就是通过文献耦合为用户提供相关文献的信息。但是文献耦合的分析方法有一定的制约性，因为对于选定的论文数据，耦合关系不会随着时间流逝而发生改变，而是保持固定的，从这个意义上讲，耦合分析的结论是静态的。

2) 共被引(co-citation)

共被引是目前广受关注、研究成果最多的共现研究，包括文献共被引、作者共被引、期刊共被引等。

(1) 文献共被引分析(document co-citation analysis, DCA)。文献共被引，又称文献共引，是指两篇文献同时被后来的其他文献所引用。具有共被引关系的文献之间借共被引强度体现彼此之间的关联度和内容的相似性，其实质是将一组具有共被引关系的文献作为分析对象，综合利用数学、统计学和逻辑分析方法，把对象之间错综复杂的共被引关系量化、抽象并简单表达的过程[4]。1973 年，美国情报学家 Small 在对“粒子物理学专业”进行知识结构描述时，发现两篇论文被相同文献引用的强度可以用来测度其内容相似程度，在此基础上创造性地提出了共被引的概念[5]。文献共被引分析方法经过 40 多年的演进，以 Small 等为代表的研究者从引文数据的选择、共被引矩阵的标准化处理，到不同层次及等级聚类方法的改进、可视化方法的引入等方面进行了大量的研究，使得文献共被引分析的理论和技术日臻完善。而近年来，利用共被引聚类来挖掘科学的热点领域、前沿领域以及发展领域正成为研究的焦点。

(2) 作者共被引分析(author co-citation analysis, ACA)。作者共被引，又称作者共引，是在文献共被引的基础上提出的，ACA 假定两位作者的文章若被后来的文献同时引用，那么表明这两位作者之间有联系，同时被引用的次数越多，就说明他们之间关系越紧密。ACA 起源于美国的 Drexel 大学，在 1981 年该校的 White 和 Griffith 合作发表的“Author co-citation: A literature measure of intellectual structure”一文开创了 ACA 的先河，文章对 39 位信息科学作者进行了共被引分析，划分出了情报学五大体系的核心作者，为之后的 ACA 研究提供了良好的范例[6]。1990 年，McCain[7]将 ACA 的分析步骤归纳为选择作者、检索共被引频次、生成共被引矩阵、转化为 Pearson 相关系数矩阵、多元统计分析、解释结果及效度分析六个步骤，人们将其称为 ACA 传统法模式或 Drexel 模式。现在，作者共被引分析已成为一种高效和多产的分析方法，不仅可以用来揭示科学结构的发展现状乃至变化情况，还可以用来进行前沿分析、领域分析、科研评价等。但是目前对于 ACA 的相关分析方法还有待优化，如在 Pearson 相关系数的适应性、对角线值的确定、矩阵的标准化等问题上还存有争议[8]。

(3) 期刊共被引分析(journal co-citation analysis, JCA)。期刊共被引，又称期刊共引，是指以期刊为基本单元而建立的共被引关系。具体来说，就是 n 种($n \geqslant 2$)期刊的论文被其他期刊同时引用，称这 n 种期刊具有共被引关系。其共被引程度以引用它们的期刊种数(或次数)来衡量，这个测度称为期刊共被引强度或频次。期刊共被引分析把数量众多的期刊按被引证关系联系起来，从而从利用的角度揭示了各学科期刊之间的相互关系和结构特征[9]。1991年，美国得克萨斯大学的McCain将文献共被引、作者共被引的思路和技术应用到期刊共现研究上，对经济学领域期刊进行共被引分析，以此为例考察在期刊水平上得出的聚合情况[10]；1998年和2000年McCain和Ding等分别对神经网络领域、信息检索领域主流期刊进行了多维尺度(MDS)分析，考察了在不同时间段期刊的交流结构，通过透视期刊共被引结构来发现学科研究的变迁[11,12]。期刊共被引分析也可以用于挑选与评价期刊，运用社会网络分析方法如MDS分析来发现处于被引中心圈的期刊，即核心期刊[13]。

3) 共篇(co-text)

共篇分析属于论文共现研究。2002年，中国学者崔雷和郑华川注意到论文之间基于相同关键词会产生关联，提出了“共篇”的概念，认为两篇论文共同出现相同关键词的数量越多，则两篇论文的内容相关性越强；并通过对胃癌前病变的研究现状和热点进行了探索，比较了共被引分析与共篇分析结果，发现两者的聚类分析的结论大致相同[14]。

4) 共词(co-word、co-term)

共词分析方法属于内容分析方法的一种，其原理主要是对一组词两两统计它们在同一篇文献中出现的次数，对这些词进行聚类分析，进而分析这些词所代表的学科和主题的结构变化。共词分析的思路最初是在20世纪70年代由法国文献计量学家提出的。1986年，法国国家科研中心(CNRS)的Callon等出版了*Mapping the Dynamics of Science and Technology*一书，当时被称为“LEXIMAPPE”[15]。由于在结果分析方面关键词具有得天独厚的直接性，很快引起了研究者的高度关注。共词分析方法发展至今，主要经历了三个阶段，即第一代基于包容指数和临近指数的共词分析方法，第二代基于战略坐标的共词分析方法以及新一代基于数据库内容结构分析的共词分析方法[16]。

经过30多年的发展，共词分析方法从原理到使用都有了大幅度改进。利用共词分析方法基本原理可以概述研究领域的研究热点，横向和纵向分析领域学科的发展过程、特点以及领域或学科之间的关系，反映某个专业的科学研究水平及其发展历史的动态和静态结构，以及基础研究和技术研究之间的关系等。但是这种方法也存在着一些弊端，例如，共词分析对于词的选择非常敏感，作者取词的习惯、未经规范的关键词在表征论文内容的完整性等都会造成结论的模糊、晦涩。此外，还有些研究对共词结论的可解释性提出质疑，认为其具有随意性较大和存在不确定性的缺陷，因而关于这一研究仍需不断地完善和改进[17,18]。

5) 作者合作(co-authorship)及国家、机构合作

在全球化趋势日益明显的今天，科研人员相互之间进行科研合作是非常普遍的现象，很多一流的研究成果需要通过不同科研人员的紧密协作完成。在文献计量研究中，作者共同署名即作者合作而在论文中产生不同作者姓名的共现，成为对合作研究定量测度的指标，类似地，机构名称共现、国家共现也是科学合作在不同层次和规模水平上的表现形式。科学计量学之父普赖斯是最早关注并对作者合作进行计量研究的学者，他在 20 世纪 60 年代初的研究表明，从 20 世纪开始，多作者合著论文一直呈快速增长的趋势[19]。美国的 Beaver 等在 1978 年对作者共现从社会学和历史学的角度进行了分析[20]。在近 40 年的研究中，学者们研究了不同国家、机构、学科之间、学科内部等作者合作的影响和规律[21]。此外，在研究机构合作方面，美国学者 Börner 等对机构合作数据处理技术进行了研究[22]。2006 年，杨立英等分析了化学领域国际 Top20 机构合作的规律，在分析化学领域机构合作规律的基础上，通过比较研究内容相似但合作较少的机构，提出了可以作为发现潜在合作机构的依据[23]。

6) 作者文献耦合分析(author bibliographic-coupling analysis, ABCA)

作者文献耦合分析是将文献耦合的方法扩展到作者层次，通过作者所有作品中参考文献的耦合强度来建立作者之间的关系。Zhao 等[24]在 2008 年提出了作者文献耦合分析，描述活跃作者自身的研究活动以便获得研究领域内更加真实的情况。作者文献耦合将文献耦合扩展到作者单元，可以反映当前的研究活动结构及其随时间的变化，不仅包括第一作者，而且也包括其他作者。通过对该方法进行实证研究，发现这种方法与作者共被引分析所揭示的知识结构是相互补充的，两种方法的结合可以更加全面地了解领域的知识结构。

7) 作者关键词耦合分析(author keywords coupling analysis, AKCA)

利用关键词的耦合强度分析作者之间关系的方法称为作者关键词耦合分析。同 ABCA 一样，从本质上讲，AKCA 也是一种耦合方法的扩展应用，而且这个名称也能很好地说明研究的层次(作者)以及所利用方法的本质(关键词耦合)。刘志辉等[25]在 2010 年提出作者关键词耦合分析方法，该方法利用作者作品的关键词耦合强度建立作者之间的关系，进而以这种关系生成的邻接矩阵

为基础进行分析。他们认为，AKCA 的首要问题是如何计算两位作者之间的相似度(*S*)，并将作者之间关系的强度(即相似度 *S*)定义为在所研究的时间段内，作者所发表论文的关键词的耦合强度，即两位作者拥有相同关键词的数量；并通过对科学计量学研究现状的分析对该方法进行了实证研究。作者关键词耦合网络与作者合著网络的二次指派程序(quadratic assignment procedure, QAP)分析表明，两种网络之间具有相关关系，但与后者相比，前者更能揭示出作者间潜在的关系。

8) 机构关键词共现

杨立英等在对化学领域机构的共现研究中，为了考察国际 Top20 机构在研究主题上的聚合情况，分析了机构与关键词共现现象，展示了机构在研究主题上的相似性与相异性[23]。

表 1-1 是对目前研究的各种共现现象的总结，对其所用到的矩阵数据、抽取特征项的信息以及分析内容等进行了归纳。

表 1-1　各类共现分析的特点

共现分析方法	所使用到的矩阵数据	需要从论文中抽取的信息	分析内容
文献耦合	论文-参考文献	参考文献	分析文献研究主题的相似性
文献共被引	论文-引证文献	引证文献	分析文献关联度和内容的相似性
作者共被引	作者-引证文献	作者、引证文献	分析作者研究领域的相似性
期刊共被引	期刊-引证期刊	期刊、引证期刊	揭示各学科期刊之间的相互关系和结构特征
共篇	论文-关键词	关键词	分析文献内容的相关性
共词	关键词-关键词	关键词	分析研究热点及其之间的相关性
作者合作	作者-作者	作者	分析作者合作情况
国家合作	国家-国家	国家	分析国家合作情况
机构合作	机构-机构	机构	分析机构合作情况
作者文献耦合	作者-参考文献	作者、参考文献	通过作者所有作品中参考文献的耦合强度来建立作者之间的关系
作者关键词耦合	作者-关键词	作者、关键词	利用关键词的耦合强度分析作者之间的关系
机构关键词共现	机构-关键词	机构、关键词	分析机构在研究主题上的相似性与相异性

2. 多特征项共现的相关研究

目前对特征项共现的研究多集中在两个特征项之间共现的研究，而对三个或三个以上特征项之间的共现关系研究并不多，此外，对多特征项共现的分析方法及可视化方式的研究也不多见。

1991年，Braam、Moed和van Raan把共被引和共词分析联系起来[28,29]，通过使用参考文献的聚类以及它们与关键词的关系来分析期刊论文的数据集。该方法首先基于共被引来聚类参考文献，进而形成基础参考文献组。在数据集中的论文根据它们所引用的基础参考文献组分派到指定的重叠组中。然后，由重叠组中的关键词组成的词组就可以基于论文组中关键词的频次进一步形成。这使得关键词可以与基础参考文献的聚类关联起来，并且有助于标识基础参考文献集合和搜索论文集合。

为了揭示两种特征项之间的关联，美国科学计量专家Morris等[30,31]借助两个共现矩阵相同特征项之间的关联，开发了交叉图和时间线技术并进行了应用研究，这两种技术可以很好地弥补目前可视化技术不能揭示两种特征项内部与外部关联的缺陷。

胡琼芳和曾建勋[32]从文献共被引、耦合、共篇三个维度出发，提出并实现了一种综合三个特征项的文献相关度判定方法。其研究相当于使用论文中的参考文献-引证文献-关键词三个共同出现的特征项进行匹配对比，挖掘各论文之间的相关性。该方法认为经局部相似度计算，任何一篇文献及其所有相关文献都可以表示成三维的相似空间向量形式。每篇文献均可看成三维空间中的一点。两文献的相关度可近似由点与点之间的距离表示。采用式(1-1)的夹角余弦公式来计算点之间的距离。距离越近，两向量夹角越小，相应余弦值越大，相关度越大。

$$\text{Relevence}(A, B) = \cos(X,Y)\frac{\sum_{i=1}^{m}(x_i \cdot y_i)}{\sqrt{\left(\sum_{i=1}^{m} x_i^2\right)\left(\sum_{i=1}^{m} y_i^2\right)}} \tag{1-1}$$

其中，A与B为两篇文献；X、Y分别为A、B的相似空间向量；x_i与y_i为分量值；m是向量维数，在综合三个特征项的文献相关度判定研究当中m为3。若将A看成源文献，经归一化处理后，A的相似空间向量则变为$X(1,1,1)$，相关文献B的向量表示为$Y(y_1, y_2, y_3)$，其中y_1、y_2、y_3分别为B与A基于共被引、耦合和

共篇的局部相似度。相应地，式(1-1)可化简为

$$\text{Relevence}(A,B)=\cos(X,Y)\frac{\sum_{i=1}^{3}y_i}{\sqrt{3\cdot\sum_{i=1}^{3}y_i^2}} \tag{1-2}$$

最后通过式(1-2)计算源文献向量与其相关文献向量的夹角余弦，就是综合相关度。

张婷[33]在其博士论文中分析了基于不同特征项的交叉图可视化技术。她认为一张交叉图不仅包括与两种特征项相对应的多维尺度和聚类图，还把两种特征项之间的关系强度也展现出来。因此，交叉图技术与以往的可视化技术(多维尺度分析、聚类分析)相比，可以提供更多的信息，为进一步探讨和分析科学活动规律提供了方便。例如，机构合作与研究主题交叉图可以考察哪些机构合作、研究了哪些研究主题、拥有相同研究主题的不同机构之间的合作情况等。

杨立英[8]在其博士论文中结合交叉图技术在映射两种特征项关联方面的优势，以与机构有关的多个共现矩阵为分析样本，揭示了基因组学领域优势机构的科研活动状况。她把论文主题-论文主题、机构-机构、作者-作者、论文主题-作者、论文主题-机构等多个二维共现矩阵在交叉图中进行了显示。

Leydesdorff[34]把“异质网络”的思想进一步扩展到 3 模网络，把作者-期刊-关键词的特征项联系起来，通过不同类型结点在同一网络中的展现，不仅有利于分析同一类型结点之间以及不同类型结点之间的关系，而且也是研究网络更加真实的反映。

1.3　研究问题的提出

基于多个特征项共现的分析方法与基于两个特征项共现的分析方法(包括主成分分析、聚类分析和多维尺度分析等多元统计分析方法)相比，在反映科学活动规律和科学知识领域方面增加了多个分析角度和信息来源。因此，其中蕴涵的信息量也大幅度增加，有很大的挖掘和探索价值。但是目前对多特征项共现的研究还没有形成一个系统的方法，并且多集中于综合以往的两个特征项共现方法进行研究，多是通过融合多种两个特征项共现的方法来揭示多特征项共现的关系。因此，如果能够直接从三个或三个以上特征项共现的视角出发，通过系统的知识发现方法研究来揭示三个或三个以上特征项之间的共现关系，就显得非常有意义。

1.4　研究目标与研究意义

目前，对共现现象的研究主要从两个不同或相同的特征项共现展开。本书基于多重共现的知识发现方法，致力于将三个或三个以上特征项共现的现象作为研究主体，在总结现有的共现研究方法、数据挖掘技术、可视化技术、知识发现方法的基础上，拓展共现现象的研究范围，以期设计出一套可应用于分析多重共现现象的知识发现方法，最后从应用研究的角度对提出的理论方法进行验证，使得该研究不仅具有重要的理论意义，而且具有非常高的应用价值，是一个富有挑战性的前沿课题。

本书的意义主要体现在多重共现的理论研究和应用研究两个方面。

(1) 多重共现理论研究方面：界定多重共现(multiple occurrence)的定义，并对多重共现的矩阵定义、延展系数的计算、数据组织形式、可视化方式、可视化分析工具等方面进行研究。研究结果将丰富共现现象的原有内涵，拓展共现分析的研究内容，使得共现分析的可视化方式、分析工具和分析方法从一重、二重拓展到三重乃至多重。这样有利于实现多重共现现象的知识发现，并为拓展共现研究的深度和广度提供理论基础。

(2) 多重共现应用研究方面：提出以多重共现来观测科学活动特征的新角度，设计并实施具体的实验方法来验证其可行性。基于多个特征项关系的知识发现方法与基于两个特征项关联的知识发现方法相比，在反映科学活动规律和科学知识领域方面增加了多个分析角度和信息来源，并能为研究人员、科研管理部门多方位了解科学活动模式提供可靠依据。

由表 1-2 可以看出，多个特征项的共现现象对于揭示深度知识方面有着独特的优势。表中，把期刊论文中单个特征项在多篇论文中的重复出现称为一重共现，两个特征项的共现称为二重共现，三个或三个以上特征项的共现都称为多重共现。

表 1-2　不同特征项共现所能揭示的知识内容

特征项共现个数	例子	分析的视角	所能揭示的知识
一个特征项 (一重共现)	作者	高产作者	高发文量的作者
	关键词	高频关键词	热门研究主题词

续表

特征项共现个数	例子	分析的视角	所能揭示的知识
两个特征项(二重共现)	关键词-关键词	共词分析	关键词聚类揭示研究主题
	作者-关键词	作者与关键词关系分析	作者的研究领域
三个或三个以上特征项(三重及三重以上共现，统称为多重共现)	作者-关键词-发表期刊	作者、关键词与发表期刊之间的关系分析	作者偏好在某期刊上所发表的主题类型、某期刊的固定作者群及主题研究领域与变化等
	作者-关键词-引文关键词	作者、关键词与引文关键词之间的关系分析	通过关键词聚类和引文关键词聚类共同反映作者的研究领域

1.5　研究思路与框架

本书的研究框架如图 1-2 所示。

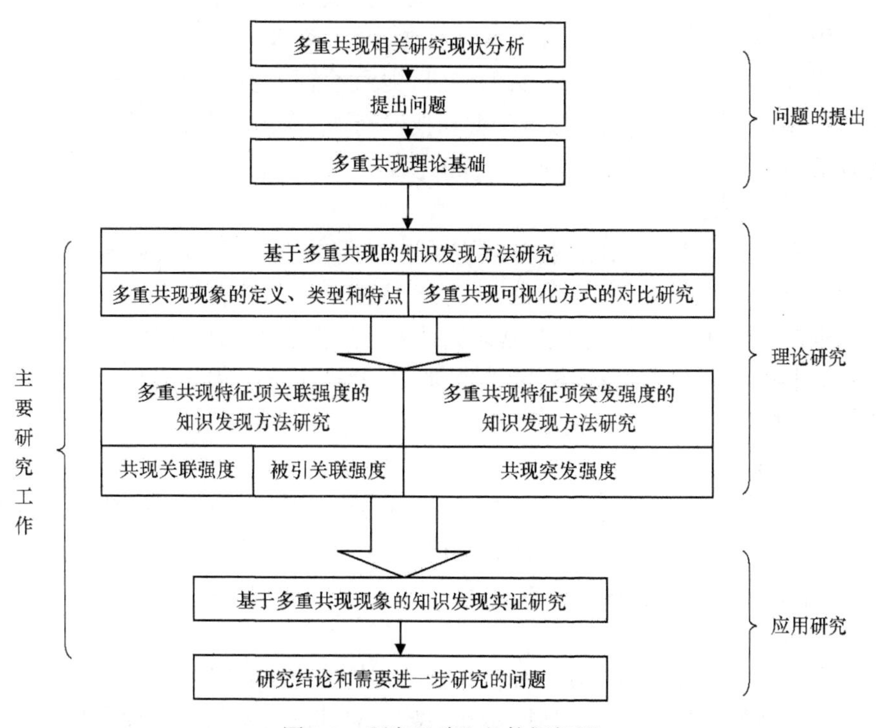

图 1-2　研究思路和整体框架图

本书首先对多重共现相关的研究现状进行分析，并提出研究的问题。然后在多重共现的研究理论基础上，对多重共现的知识发现方法进行研究。研究的内容包括多重共现现象的定义、类型和特点，多重共现可视化方式的对比，多重共现特征项关联强度的知识发现方法，多重共现特征项突发强度的知识发现方法等方面。在本书的最后，还对多重共现现象的知识发现方法进行实证研究，并得出研究结论和需要进一步研究的问题。

1.6 研究方法

情报学的研究分析方法涉及现有方法的调研分析、适用方法的理论论证与实践设计，以及方法可靠性的验证等，因此本书针对研究目的和研究过程中所产生的具体问题采用如下研究方法。

1) 文献调研法

在本书的立题、理论铺垫、方法研究乃至实证研究的选择与分析过程中，都利用了多种信息渠道，包括各类学术数据库、专业期刊、领域专家、研究网站等进行相关文献和分析工具的调研，从而全面、及时地了解相关研究的动向和成果，掌握可利用的数据资源和技术资源，作为本书的立题依据、研究内容架构和主要创新环节问题等研究的核心。

2) 模型方法

模型方法作为一种现代科学认识手段和思维方法，是以研究模型来揭示原型的形态、特征和本质的方法，是逻辑方法的一种特有形式。本书提出多重共现知识发现方法的模型及其研究体系，是为了以简化和理想化的形式，从整体上描述该方法的复杂过程及原理，以此搭建出多重共现知识发现方法的理论与应用的桥梁。

3) 系统分析法

在研究探索的过程中，对国内外相关的分析软件和工具等的功能、适用范围、方法基础、技术手段等进行调研分析，为本书的研究提供思路、基础和参考，并为实证分析提供分析工具。

4) 实验验证法

为验证提出方法的有效性和实用性，本书在设计多重共现的可视化方式和知识发现的分析方法上，利用实际的数据对其进行剖析和对比分析，提出方法的先进性和可能存在的问题。同时，也为方法的修正提供思路，为本书的科学性、合理性奠定基础。通过对多重共现的知识发现方法的实验验证，从实践的角度证明本书提出的概念模型、设计思路、运行机制的可行性，从而验证该方法的合理性和可行性。

1.7　本书组织结构

本书共分为 6 章，组织结构如图 1-3 所示。

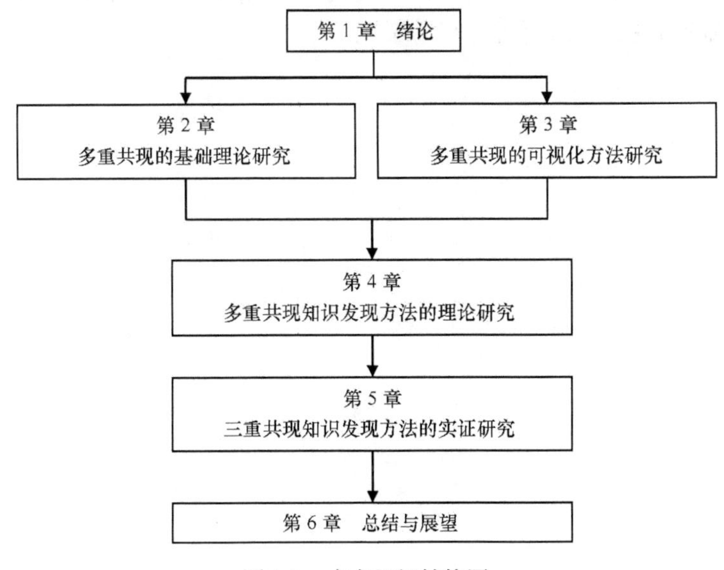

图 1-3　本书组织结构图

各章的具体研究内容如下：

第 1 章，绪论。对相关领域的研究背景、国内外发展现状与趋势、相关研究的理论与实践等进行综述，并提出研究目标与研究意义、研究思路与框架、研究方法、组织结构。

第 2 章，多重共现的基础理论研究。对相关概念内涵进行分析，并对多重共现的定义与研究范畴进行界定，此外还对多重共现的矩阵定义、延展系数、数据组织形式等进行研究和改进。

第 3 章，多重共现的可视化方法研究。对可视化概念进行简介，并对用于知识图谱的可视化方式进行研究。分析两种可以应用于多重共现的可视化方式，包括多模网络图以及交叉图技术，最后对比它们的可视化效果。

第4章，多重共现知识发现方法的理论研究。分别对多重共现中的共现关联强度、被引关联强度以及共现突发强度的知识发现方法进行研究，并设定其数据模型、分析模型以及分析样例。并且基于多重共现知识发现方法的前期步骤，自主设计和开发多重共现知识发现的可视化分析工具。

第5章，三重共现知识发现方法的实证研究。通过选取实际的三重共现样例，分别对多重共现中的共现关联强度、被引关联强度以及共现突发强度的知识发现方法进行实证研究。

第6章，总结与展望。对本书的研究进行总结，阐述该研究的创新之处，并对该领域的研究工作进行进一步的展望。

第 2 章　多重共现的基础理论研究

2.1　相关概念内涵

2.1.1　共现的分析范畴

期刊论文中的共现是指相同或不同类型特征项共同出现的现象，如多篇论文之间共同出现的主题(关键词)、共同出现的合作作者、共同出现的合作机构以及论文与关键词、共同出现的机构与作者等都属于共现研究的范畴[8]。

共现分析是将各种信息载体中的共现信息定量化的分析方法，以心理学的邻近联系法则[35]和知识结构及映射原则为方法论基础。通过共现分析，人们可以发现对象之间的亲疏关系，挖掘隐含的或潜在的有用知识，并揭示研究对象所代表的学科或主体的结构与变化。在计算机技术的辅助下，共现分析在构建概念空间和 Ontology 实现语义检索、改进知识组织中文本分类效果、分析文献中知识内容关联、挖掘知识价值等方面彰显出独特的功能，正在成为支撑知识挖掘和知识服务的重要手段和工具。在知识表达中，能够体现信息的内容特征和外部特征不仅具有语义内涵，而且是相互关联的，这些内容特征与外部特征共同构成了文本知识关联揭示和知识挖掘的基础[2]。

在文献计量数据中，共现现象并不是个例，而是大量存在于论文数据中的普遍现象。各种类型的特征项共现将离散的论文数据联结成一个有机的整体，可以从多个角度揭示科学活动规律。例如，论文的关键词直接反映科学研究的主题及其细节、方法、技术，对关键词的共现现象进行分析可以用来考察科学在知识、方法、维度上的结构；论文作者作为科研活动的主体，作者共现研究是科学合作在个人层面的直接表征；论文之间的相互引用，作者之间、研究团体之间、机构之间乃至国家之间的引用是无形学院的有形标志，对这些引用与被引用现象的分析可以获得科学交流的模式、规律和特征。

由此看来，各种特征项及其之间的关联是构成多种多样共现现象的基本单元，通过挖掘共现特征项之间的关联，共现分析可以从不同的角度探测科学活动规律的方方面面，为科研管理者和研究者提供一个全方位、多角度观察科学发展的新视角。

2.1.2　多重共现的定义与研究范畴

本书把期刊论文中单个特征项在多篇论文中的重复出现称为一重共现，两个特征项的共现称为二重共现，三个或三个以上特征项共现都称为多重共现。因此，多重共现被定义为三个或三个以上相同类型或不同类型特征项共同出现的现象，如作者-关键词-发表期刊三个特征项同时在多篇论文中出现，作者-关键词-被引作者、作者-引文作者-关键词-引文关键词等三个或三个以上特征项的共现都属于多重共现研究的范畴。

多重共现与二重共现相比，如作者-关键词-发表期刊的多重共现比作者-关键词、作者-发表期刊等的二重共现能够揭示更为深入的知识。分析作者-关键词-发表期刊的多重共现就相当于同时分析作者-关键词、作者-发表期刊、关键词-发表期刊这三个二重共现现象及其之间的关系。由表 1-2 可以看出，多重共现现象对于揭示深度知识方面有着独特的优势。而图 2-1 中则形象地表示出多重共现与二重共现现象在研究对象上的区别。

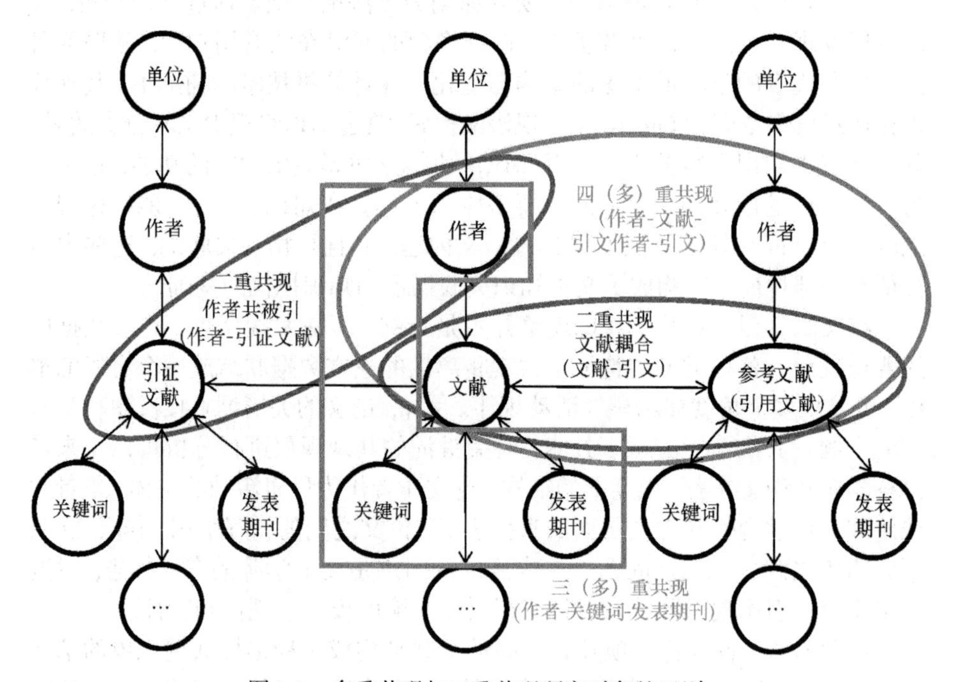

图 2-1　多重共现与二重共现研究对象的区别

多重共现的研究与共现分析具有同样的方法论基础，包括心理学邻近联系法则和实体联系法则。

心理学邻近联系法则是指曾经在一起感受过的对象往往在想象中也联系在一起，以至于想起它们中的某一个时，其他对象也会以曾经同时出现时的顺序想起。两个事物之间的联系可以用同时感知到两事物的相对频率来衡量；文献计量研究中，共同出现的特征项之间一定存在着某种关联，关联程度可以用共现频次来测度。例如，两位作者共同出现在同一篇论文中，说明两位作者存在合作关系，共同出现的频次越高，说明两位作者合作的强度越高，关联程度越大；同样，一篇论文中共同出现的多个关键词在研究内容上具有相关性，作者在撰写论文时用到的关键词与作者的研究内容密切相关。

实体联系法则是指特征项所反映的对象皆来自于现实世界相应的物理实体，并反映物理实体的活动规律，如论文作者对应着研究人员实体。在文献计量研究中，通常在数据分析阶段不考虑特征项的物理实体联系，而只考虑特征项之间的形式关联，而在最后结论的解释方面，要将特征项之间的关联与现实世界对应的实体之间的关联结合起来。特征项与其物理实体关联是共现研究的基本理论依据，也是文献计量研究的基本依据。例如，通过论文追踪科学家的研究活动，而不必参与科学家进行的研究活动，只需考察科学家的论文就可以了解科学活动的动态信息；类似地，关键词特征项之间的关联结构可以映射到概念之间的关联，进而描述领域的知识结构。

多重共现与一般的共现相比，在邻近联系法则和实体联系法则上，所涉及的特征项较多，并且所揭示的知识内容也较深入。

2.2　多重共现特征项的变量符号

在 Morris 的博士论文中，使用图 2-2 形象地描绘出在期刊论文中各特征项之间的联系。

同时，Morris 也用各特征项名称的缩写作为变量的名称来代表特征项，因此本书的研究中也沿用了部分 Morris 用于定义期刊论文中不同特征项的变量符号(表 2-1)，并进行了扩展，扩展表如表 2-2 所示。

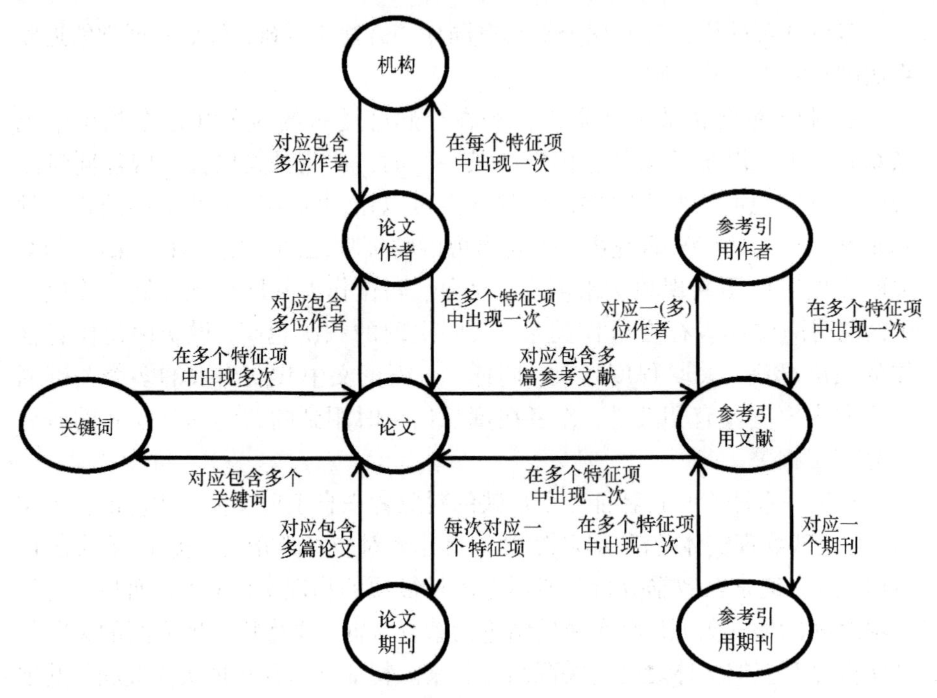

图 2-2　Morris 的期刊论文特征项关系图[1]

表 2-1　Morris 定义的特征项变量符号表[1]

p-paper	jr-reference journal
r-reference	jp-paper journal
cp-paper as reference	yp-paper year
ap-paper author	yr-reference year
ar-reference author	ip-paper institution
t-term	

表 2-2　扩展的代表不同特征项的变量符号表

变量符号	英文名	中文名
p	paper	论文
ap	paper author	论文作者
jp	paper journal	论文期刊
yp	paper year	发表论文的年份
ip	paper institution	发表论文的单位

续表

变量符号	英文名	中文名
kwp	paper keyword	论文关键词
r	reference	参考文献
ar	reference author	参考文献的作者
jr	reference journal	参考文献的期刊
yr	reference year	参考文献的年份
ir	reference institution	参考文献的单位
kwr	reference keyword	参考文献的关键词

2.3　多重共现的矩阵定义与数据组织形式

在文献计量研究中，为了实现对共现现象的数据挖掘，用定量分析方法来测度共现特征项之间的关联结构，首先要对数据进行数学处理，转换为各种共现矩阵，在此基础之上，运用数据挖掘以及各种可视化的分析方法找到隐含在矩阵中的数据关系。各种共现分析虽然在应用层面上揭示了不同的科学活动现象，但矩阵分析技术研究却大同小异[8]。

共被引、共词及其他同种特征项共现矩阵在情报学领域应用极为广泛，在共现研究的早期，由于计算机存储技术、数据处理速度及基于矩阵的数据挖掘技术的限制，很多数据分析是基于同种特征项共现矩阵的，随着计算机技术日新月异地发展，可视化技术对多个矩阵转换的需求不断增加，研究者逐步认识到矩阵转换研究的重要性。荷兰莱顿大学的学者 Englesman 和 van Raan 发现原始的二值共现矩阵可以通过矩阵乘法转换为相应的对称共现矩阵[36]。美国科学计量专家 Morris 在其博士论文中将各种共现矩阵之间的数学转换关系进行了系统和全面的研究[1]。

图结构被广泛应用在人工智能、工程、物理、化学、计算机科学等领域中，是一种很好的数据关系表现方式，图 2-3 明晰地表达了两个特征项(论文与参考文献)之间的关系，展示了共现现象背后特征项之间的关联结构。然而，要对图结构所表示的各种复杂关系进行描述，将图的关联结构存储在计算机中，必须将图结构转换为结构化的数据以便处理。在文献计量研究中，引入矩阵描述的方法来表达共现的关系网络。

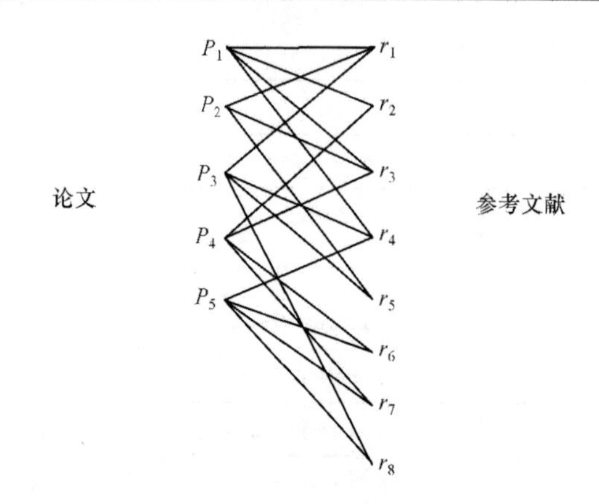

图 2-3 论文与参考文献之间关系的图结构[1]

首先给出矩阵的通用定义：由 $m \times n$ 个数 $a_{ij}(i=1, 2,\cdots, m; j=1, 2,\cdots, n)$排成的 m 行 n 列的表：

$$\begin{bmatrix} a_{11} & a_{12} & \ldots & a_{1n} \\ a_{21} & a_{22} & \ldots & a_{2n} \\ \vdots & \vdots & & \vdots \\ a_{m1} & a_{m2} & \ldots & a_{mn} \end{bmatrix}$$

称为一个 m 行 n 列的矩阵或 $m \times n$ 矩阵，简记为 $A=(a_{ij})_{m\times n}$。数 a_{ij} 称为矩阵 A 的第 i 行第 j 列或(i, j)元素，i 称为元素 a_{ij} 的行标，j 称为元素 a_{ij} 的列标。特殊地，$n \times n$ 矩阵也称为 n 阶方阵。

在社会网络分析中，不对称矩阵的列和行分别代表行动者(actor)和指标，对于对称的方阵，行与列代表完全相同的行动者；在文献计量研究中，对于共现现象的矩阵描述，赋予共现矩阵的行与列特定的含义：行与列分别代表共同出现的特征项。矩阵中的元素代表行与列对应特征项之间是否相关或者关系的强弱。

在 Morris 的博士论文中，其对两个特征项共现现象的矩阵定义为[1]

$$O_{ij}[x_1; x_2] = \begin{cases} n, & \text{特征项}i\text{与特征项 }j\text{共同出现的频次为}n \\ 0, & \text{特征项}i\text{与特征项 }j\text{没有共同出现} \end{cases}$$

其中，x_1、x_2 代表两种不同的特征项(如关键词、作者、发表期刊等)，i、j 分别为 x_1、x_2 的具体对象。其对应的图结构如图 2-4 所示。

本书在 Morris 研究的基础上，将其二重共现分析的研究理论扩展到多重共现领域的研究，包括把 Morris 对共现的矩阵定义扩展到多重共现领域，同

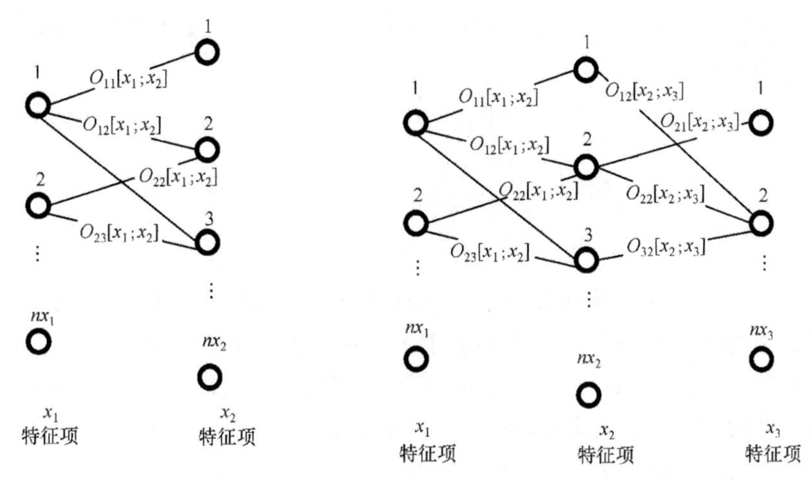

图 2-4　Morris 的特征项组对图结构[1]

时在共现数据组织形式上也从二维的矩阵形式扩展到多元组的表示形式，以适用于多重共现的分析。

将 Morris 的矩阵定义扩展到多重共现领域特征项的共现关系，并定义：

$$O_{ijk\cdots}[x_1;x_2;x_3;\cdots]=\begin{cases}n, & \text{特征项}i\text{与特征项}j\text{、}k\text{等共同出现的频次为}n\\0, & \text{特征项}i\text{、}j\text{、}k\text{等没有共同出现}\end{cases}$$

其中，该多维矩阵定义所代表的图结构如图 2-5 所示，相同线型的连线代表这几个特征项之间共同出现的频次，如 $O_{111}[x_1;x_2;x_3]$代表特征项集合 x_1 中序号为 1 的特征项与 x_2、x_3 中序号为 1 的特征项共同出现的频次。

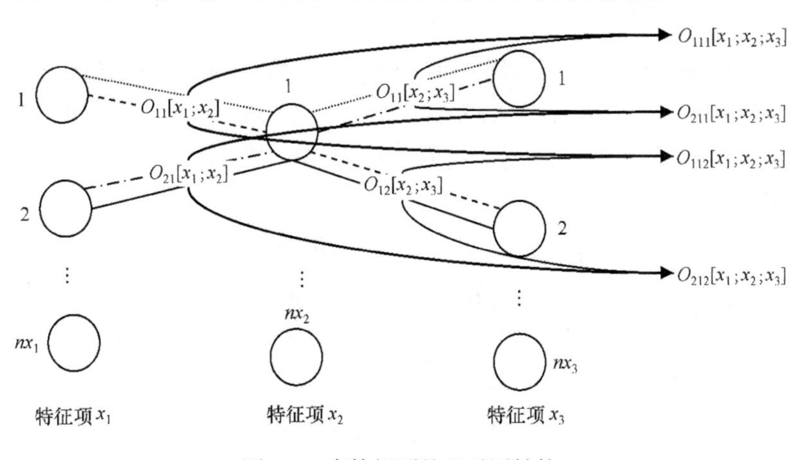

图 2-5　多特征项的组对图结构

在数据组织形式上，Morris 使用的是传统二维矩阵来表示两个特征项之间的共现关系[1]:

$$O[x_1;x_2]=\begin{bmatrix} O_{11} & O_{12} & \cdots & O_{1nx_2} \\ O_{21} & O_{22} & \cdots & O_{2nx_2} \\ \vdots & \vdots & & \vdots \\ O_{nx_1 1} & O_{nx_1 2} & \cdots & O_{nx_1 nx_2} \end{bmatrix}$$

由于多重共现领域涉及的是三个或三个以上特征项的关联关系，传统的二维矩阵的数据组织形式已不能适用于多重共现分析的要求，所以本书中通过使用多元组 $R(x_1, x_2, x_3,\cdots, \text{value})$来表示多维数据信息，用于分析多重共现特征项之间的关系。定义 $\text{value}_{ijk\cdots}$为 x_1 中特征项 i 与 x_2 中特征项 j、x_3 中特征项 k 等共同出现的频次，即 $\text{value}_{ijk\cdots}=O_{ijk\cdots}[x_1;x_2;x_3;\cdots]$。通过从二维矩阵扩展到多元组的数据表示形式(图 2-6)，以适用于多重共现的数据组织和多特征项的共现分析。

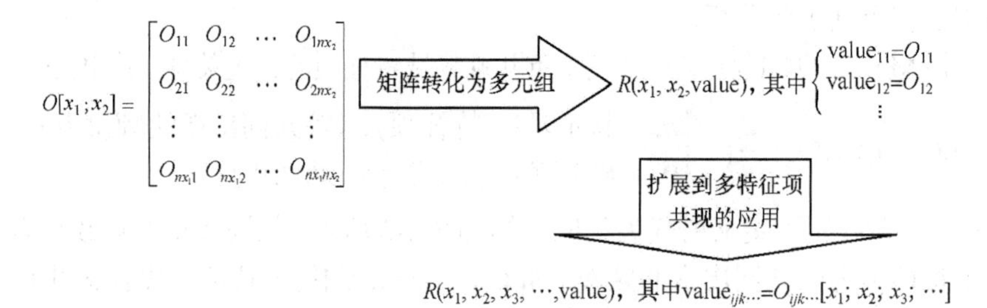

图 2-6 多特征项共现分析中数据组织形式的变化

在上述的矩阵定义中，使用了共现频数作为共现矩阵元素的值。本书还使用了二值法对其进行定义，在二值矩阵中，所有元素的取值均为 0 或 1。因此，在 $O_{ij}[x_1;x_2]$、$O_{ijk\cdots}[x_1;x_2;x_3;\cdots]$定义的基础上，对 $O'_{ij}[x_1;x_2]$和 $O'_{ijk\cdots}[x_1;x_2;x_3;\cdots]$二值矩阵定义如下:

$$O'_{ij}[x_1;x_2]=\begin{cases} 1, & \text{特征项}i\text{与特征项 }j\text{共同出现的频次为1次或1次以上} \\ 0, & \text{特征项}i\text{与特征项 }j\text{没有共同出现} \end{cases}$$

$$O'_{ijk\cdots}[x_1;x_2;x_3;\cdots]=\begin{cases} 1, & \text{特征项}i\text{与特征项 }j\text{、}k\text{等共同出现的频次为1次或1次以上} \\ 0, & \text{特征项}i\text{、}j\text{、}k\text{等没有共同出现} \end{cases}$$

以下举例说明 $O_{ijk\cdots}[x_1;x_2;x_3;\cdots]$ 和 $O'_{ijk\cdots}[x_1;x_2;x_3;\cdots]$ 所代表的共现意义，

假设有数据集 D1 如表 2-3 所示。

表 2-3　多重共现矩阵定义示例数据集

数据集 D1	论文作者(ap)	发表期刊(jp)	发表年份(yp)	关键词(kwp)
论文 1	作者 1，作者 2	期刊 1	年份 1	关键词 1，关键词 2，关键词 3
论文 2	作者 2，作者 3	期刊 2	年份 1	关键词 4，关键词 5
论文 3	作者 1	期刊 2	年份 2	关键词 1，关键词 2

对于整个数据集 D1:

O[作者 1; 关键词 1]=2，代表在数据集 D1 中，作者 1 与关键词 1 共现 2 次。

O'[作者 1; 关键词 1]=1，代表在数据集 D1 中，作者 1 与关键词 1 存在共现(频次在 1 次或 1 次以上)。

O[作者 1; 期刊 2; 关键词 1]=1，代表在数据集 D1 中，作者 1 与期刊 2、关键词 1 共现 1 次。

O'[作者 1; 期刊 2; 关键词 5]=0，代表在数据集 D1 中，作者 1 与期刊 2、关键词 5 没有共同出现过。

2.4　多重共现的延展系数

基于以上多重共现矩阵关系的定义可用于计算多重共现特征项的延展系数 E_{x_n} 和 E'_{x_n}。

定义 m_i、…、m_j、m_k 分别为特征项 x_1、…、x_{n-1}、x_n 包含的所有不同的对象数，则有式(2-1)～式(2-4):

$$E_{x_n}(i,\cdots,j)=\frac{\sum_{k=1}^{m_k}O_{i\cdots jk}[x_1;\cdots;x_n]}{O_{i\cdots j}[x_1;\cdots;x_{n-1}]} \tag{2-1}$$

$$E_{x_n}(x_1;\cdots;x_{n-1})=\frac{\sum_{i=1}^{m_i}\cdots\sum_{j=1}^{m_j}\sum_{k=1}^{m_k}O_{i\cdots jk}[x_1;\cdots;x_n]}{\sum_{i=1}^{m_i}\cdots\sum_{j=1}^{m_j}O_{i\cdots j}[x_1;\cdots;x_{n-1}]} \tag{2-2}$$

$$E'_{x_n}(i,\cdots,j)=\frac{\sum_{k=1}^{m_k}O'_{i\cdots jk}[x_1;\cdots;x_n]}{O'_{i\cdots j}[x_1;\cdots;x_{n-1}]} \tag{2-3}$$

$$E'_{x_n}(x_1;\cdots;x_{n-1})=\frac{\sum_{i=1}^{m_i}\cdots\sum_{j=1}^{m_j}\sum_{k=1}^{m_k}O'_{i\cdots jk}[x_1;\cdots;x_n]}{\sum_{i=1}^{m_i}\cdots\sum_{j=1}^{m_j}O'_{i\cdots j}[x_1;\cdots;x_{n-1}]} \tag{2-4}$$

延展系数 E_{x_n} 和 E'_{x_n} 可应用的范畴如下。

E_{x_n}：用于分析某特征项在每一篇论文中的平均数量分布状况，如每篇期刊论文平均采用多少个关键词，某年发表的论文平均有多少位作者，在某年某期刊上论文的平均作者数、平均关键词数的多少等。

E'_{x_n}：用于分析某特征项在整个数据集内种类的分布状况，如某作者在多少种期刊上或多少年内发表过论文，某作者在某年内在多少种期刊上发表过论文，某期刊在多少年内刊载过某作者的论文等。

以下举例说明延展系数 E_{x_n} 和 E'_{x_n} 所能揭示的意义，假设有数据集 D1 如表 2-4 所示。

表 2-4　多重共现延展系数示例数据集

数据集 D1	论文作者(ap)	发表期刊(jp)	发表年份(yp)	关键词(kwp)
论文 1	作者 1，作者 2	期刊 1	年份 1	关键词 1，关键词 2，关键词 3
论文 2	作者 2，作者 3	期刊 2	年份 1	关键词 4，关键词 5
论文 3	作者 1	期刊 2	年份 2	关键词 1，关键词 2

对于论文 1:

$E_{\text{kwp}}(\text{ap})=3$，代表论文 1 的每位作者都用了 3 个关键词。

$E_{\text{kwp}}(\text{ap; jp})=3$，代表论文 1 的每位作者在每种发表论文的期刊上都用了 3 个关键词。

对于整个数据集 D1:

E_{kwp}(作者 1)=2.5，代表在数据集 D1 中，作者 1 发表的每篇论文平均用了 2.5 个关键词。

E_{kwp}(作者 1，期刊 1)=3，代表在数据集 D1 中，作者 1 在期刊 1 上发表的每篇论文平均用了 3 个关键词。

E'_{jp}(作者 1)=2，代表在数据集 D1 中，作者 1 在两种不同的期刊上发表过论文。

E'_{yp}(作者 2)=1，代表在数据集 D1 中，作者 2 只在一年内发表过论文。

E'_{jp}(作者 1，年份 1)=2，代表在数据集 D1 中，作者 1 在年份 1 内只在一种期刊上发表过论文。

E_{kwp}(ap) =2.4，代表在数据集 D1 中，每位作者发表的每篇论文平均用了 2.4 个关键词。

E_{kwp}(ap; jp) =2.4，代表在数据集 D1 中，每位作者在每个期刊上发表的每篇论文平均用了 2.4 个关键词。

E'_{jp}(ap)=1.67，代表在数据集 D1 中，平均每位作者在 1.67 种不同的期刊上发表过论文。

E'_{yp}(ap)=1.33，代表在数据集 D1 中，平均每位作者在 1.33 个不同的年份内发表过论文。

E'_{jp}(ap; yp)=1.25，代表在数据集 D1 中，平均每位作者-年份组合在 1.25 种不同的期刊上发表过论文，即在活跃年(有论文发表的年份)内的活跃作者(有论文发表的作者)平均在 1.25 种期刊上发表过论文。

2.5　小　　结

本章对多重共现的相关概念进行了概述，界定了多重共现的定义和研究范畴，明晰了多重共现中特征项的变量符号。在 Morris 原有共现研究的基础上，对多重共现的矩阵定义、数据组织形式以及延展系数的计算方式进行了研究。因此，通过对多重共现的基础理论研究，本章构建了一套独特的多重共现基础理论体系，该理论体系包括：多重共现的定义、多重共现的研究范畴、用于多重共现的变量符号、多重共现的矩阵定义、多重共现的数据组织形式以及多重共现的延展系数计算公式与应用范畴。

第 3 章　多重共现的可视化方法研究

3.1　可视化概念简介

可视化(visualization)是利用计算机图形学和图像处理技术，将数据转换成图形或图像在屏幕上显示出来，并进行交互处理的理论、方法和技术。可视化能将大量的数据、信息和知识转化为一种人类的视觉形式，充分利用人类对可视模式(图形、图像等)快速识别的自然能力及有效的可视界面，来观察、操纵、研究、分析、过滤、发现和理解大规模数据，并与之交互，从而可以直观、形象地表现、解释、分析、模拟、发现或揭示隐藏在数据内部的特征和规律，提高人类对事物的观察、记忆和理解能力及整体概念的形成。它涉及计算机图形学、图像处理、计算机视觉、计算机辅助设计等多个领域，成为研究数据表示、数据处理、决策分析等一系列问题的综合技术。

可视化技术最早运用于计算机科学中，并形成了可视化技术的一个重要分支——科学计算可视化(visualization in scientific computing)。它是指将科学计算过程中产生的数据及计算结果转换为图形或图像在屏幕上显示出来，并可进行交互处理的理论、方法和技术。科学计算可视化的目的是理解自然的本质，要达到这个目的，科学家把科学数据，包括测量获得的数据或是计算中涉及或产生的数字信息变为直观的、以图形图像形式表示的、随时间和空间变化的物理现象或物理量呈现在研究者面前，使他们能够观察、模拟和计算。科学计算可视化技术大大加快了数据的处理速度，使每日每时都在产生的庞大数据得到有效的利用；实现人与人、人与机器之间的图像通信，增强了人们观察事物规律的能力；使科学家在得到计算结果的同时，知道在计算过程中发生了什么现象，并可改变参数，观察其影响，对计算过程实现引导和控制[37]。科学计算可视化自 1987 年提出以来，在各工程和计算机领域得到了广泛的应用和发展。

近几年来，随着网络技术、数据仓储技术及电子商务技术等的发展，在科学计算可视化的基础上，产生了数据可视化。数据可视化是对大型数据库或数据仓库中的数据库可视化[38]，它不仅包括科学计算数据的可视化，还包括工程数据和测量数据的可视化。现代的数据可视化是指运用计算机图形学和图像处理技术，将数据转换为图形或图像在屏幕上显示出来，并进行交互处理的理论方法和技术，它涉及计算机图形学、图像处理、计算机辅助设计、计算机视觉及人机交互技术等多个领域[39]。数据可视化技术的基本思想是将数据库中每一个数据项作为单个图元元素表示，大量的数据集构成数据图像，同时将数据的各个属性值以多维数据的形式表示，可以从不同的维度观察数据，从而对数据进行更深入的观察和分析，其应用十分广泛，几乎可以应用于自然科学、工程技术、金融、通信和商业等各种领域[40]。

随着社会信息化的推进和网络应用的日益广泛，信息量越来越庞大，对于大型数据甚至海量数据的存储、传输、检索、分类等需求日益迫切，在激增的数据背后，隐藏着许多重要的信息，人们希望能够对其进行更深层次的分析，以便更好地利用这些数据，所以信息可视化应运而生。1989 年，Robertson、Card 和 MacKinlay 在其发表的会议论文中首次定义了“信息可视化”[41]，即“以计算机为支撑的、交互性的、对抽象数据的可视表示法，以增强人们对抽象信息的认知”。之后，信息可视化作为可视化一个新的分支逐渐发展起来。信息可视化将非空间抽象信息映射为有效的可视化形式[42]，对发现隐藏在信息内部的本质和规律有着非常重要的作用，例如，在医疗卫生、电子商务、金融和通信等领域，信息可视化可以帮助人们在海量数据中迅速有效地发现隐含的特征、模式和趋势，为科学研究、工程开发和业务决策提供依据。它不仅能用图像来显示多维的非空间数据，使用户加深对数据含义的理解，而且用形象直观的图像来指引检索过程，加快检索速度。随着可视化技术的不断发展，数据可视化与信息可视化的分界已越来越不明显。此外，一些新的热点，如知识可视化(knowledge visualization)[43]、知识域可视化(knowledge domain visualization)[44]等正在形成。表 3-1 显示了各种不同可视化方式的对比。

表 3-1　科学计算可视化、数据可视化和信息可视化的对比[45]

可视化类别	主要用户	任务	输入	应用
科学计算可视化	特殊的技术人员或者科学家	更加深刻地理解科学现象	物理数据、度量、仿真数据、空间数据	来源于测量和计算的科学数据可视化
数据可视化	非技术人员或者专业工作者	将抽象数据以直观的方式表示出来	物理数据、空间数据	普通数据的可视化，如事务数据、股票数据等
信息可视化	不同的、广泛的、非技术人员	从大量抽象数据中搜索、发现关系(包括行为)等信息	关系、非物理数据(处理过的)、信息、非空间数据	语义关系、超文本、网络等可视化

在日常科学研究中，经常获得大量、复杂和多维的数据，如何有效利用和分析这些数据显得非常迫切。研究表明，人类获得的关于外在世界的信息80%以上是通过视觉通道获得的，因此在数据分析时最好能提供像人眼一样的直觉的、交互的和反应灵敏的可视化环境。可见，发展数据可视化技术具有重要的意义，其优点如下[40]:

(1) 大大加快数据的处理速度，使目前每日每时都在产生的庞大数据得到有效的利用。

(2) 实现人与人、人与机器之间的图像通信，改变目前的文字或数字通信，从而使人们观察到用传统方法难以观察到的现象和规律。

(3) 使科学家不仅能被动地得到计算结果，而且知道在计算过程中发生了什么现象，并可改变参数，观察其影响，对计算过程实现引导和控制。

(4) 可提供在计算机辅助下的可视化技术手段，从而为在网络分布环境下的计算机辅助协同设计打下基础。

(5) 用户可以方便地以交互的方式管理和开发数据，使得人工处理数据、绘图仪输出二维图形的时代一去不返。

(6) 用户可以看到表示对象或事件的数据的多个属性或变量，而数据可以按其每一维的值，将其分类、排序、组合和显示。

(7) 数据可以用图像、曲线、二维图形、三维体和动画来显示，并可对其模式和相互关系进行可视化分析。

(8) 促进如医学、地质、海洋、气象、航空、商务、金融、通信等领域的快速发展。

3.2 知识图谱的可视化软件工具简介

随着科学技术的不断发展，科技文献呈现出爆发性增长的态势，为了从巨量的科技文献中发现有用的关联信息，从大量的文献著录中找出潜在的知识，很多研究学者开始利用知识图谱的可视化技术进行知识发现的研究。

知识图谱是以科学学为基础，涉及应用数学、信息科学及计算机科学诸学科交叉的领域，是科学计量学和信息计量学的新发展。随着统计分析、引文分析和网络分析方法在科学计量学领域的广泛应用，以及计算机图形学和可视化技术的发展，知识图谱研究在20世纪90年代以后得到迅猛发展[9]。

在科技文献的分析中，知识图谱是可视化显示知识资源及其关联的一种图形，它可以绘制、挖掘、分析和显示知识间的相互关系，在组织内创造知识共享的环境，从而最终达到促进知识交流和研究深入的目的[46]。科学知识图谱研究是以科学学为研究范式，以知识计量方法和信息可视化技术为基础，涉及数学、信息科学、认知科学和计算机科学诸多学科交叉的领域，是科学计量学和信息计量学的新发展[47]。科学知识图谱的出现为科学计量学家提供了一种同传统方法相比具有更大的客观性、科学性、数据有效性和高效率的方法，在准确、翔实地传达知识的基础上，以可视化的图像直观、形象地向人们揭示论文特征项之间的联系和特点，展现知识结构关系与演进规律。

知识图谱的主要应用领域包括：对学术共同体及其网络的研究；学科领域的发展及动态发展状况；明确主要研究领域之间的内部联系；各研究领域之间的知识输入与知识输出；研究课题的衍生、渗透与扩散趋势；作者、机构、授权、出版物、期刊等之间的关系等[48]。

知识图谱研究通常要对大量数据进行处理，选择合适的数据处理工具非常重要。从目前看，知识图谱分析共涉及 10 多种软件，包括科学计量学研究软件 Bibexcel，词频分析软件 WordSmith Tools，统计学软件 SPSS，引文网络可视化软件 CiteSpace，社会网络分析软件 Ucinet、NetMiner 和 Pajek，以及其他共现分析工具如 SCI-map(引文网络浏览)、VxInsight(文献间关系)、HistCite(引用分析)、Authorlink(作者共被引分析)、Conceptlink(共词分析)、PNASLink(作者共被引、共词、期刊共被引分析)、DIVA(文献耦合、文献共被引、作者共被引、合著分析)等，这些软件功能强大，它们以美国科学情报研究所的 Web of Science 数据库为数据源，用来分析国际学术动态。

其中使用最多的是 SPSS、Bibexcel 和 CiteSpace。这些研究工具在功能上有所不同，如 WordSmith Tools、Bibexcel 主要用于前期的数据处理，以配合其他软件将数据转换为不同形式的图形；CiteSpace、SPSS、Pajek、Ucinet、NetDraw 可以将特定格式的数据进行可视化处理。这两类工具经常同时使用。从相关文献看，研究工具的选择与研究方法有较强的关联性。在采用聚类方法和因子分析时，多选择 SPSS；在共词分析和社会网络分析时，选择 Ucinet 和 Pajek，但这两个软件是一般性可视化软件，并不是针对情报分析的专门工具，对 Web of Science 的引文数据分析时多用 CiteSpace。

下面分别对这些软件进行简单介绍。

1) CiteSpace

CiteSpace[49]是由 Drexel 大学陈超美博士开发的，是一个基于共引分析的引文网络可视化软件，也是一种多元、分时、动态的新一代信息可视化技术，正成为科学计量学普遍应用的新手段。

CiteSpace信息可视化技术的独到之处在于其借助科学文献引文网络的可视化分析，来探测和分析学科研究前沿随时间的变化趋势以及研究前沿与其知识基础之间的关系，并且发现不同研究前沿之间的内部联系[50]。通过对学科领域的文献信息可视化，研究者能够直观地辨识出学科前沿的演化路径及学科领域的经典基础文献。CiteSpace能实现的功能包括作者、机构、国家合作分析，关键词共现分析，作者、期刊、引文共被引分析。CiteSpace提供了词频增长检测(burst detection)算法，该算法主要通过考察词频的时间分布，将那些频次变化率高、频次增长速度快的“突现”词(burst term)从大量的常用词中检测出来，识别某一时期的研究热点，通过词频的变动趋势，而不仅仅是通过词频的高低，来分析科学的前沿领域和发展趋势；并且使用寻径(pathfinder)网络算法[51]或最小生成树(minimum spanning tree)算法[52]，对科学文献共被引网络的路径进行可视化处理。

CiteSpace凭借其强大、完善的可视化分析功能，最近几年在科研领域研究中迅速兴起。在国内，对CiteSpace进行深入研究的学者主要集中在大连理工大学，如刘则渊、齐艳霞、侯剑华等学者，他们运用CiteSpace对生态经济学、工程伦理学、战略管理学等领域进行了可视化研究；陈悦等则以译文的方式对CiteSpace的使用方法进行了简要介绍。

2) Bibexcel

瑞典科学家Persson开发的文献计量研究软件Bibexcel，用于帮助用户分析文献数据或者文本类型格式的数据，实现共现分析。Bibexcel具有各种信息的计量统计功能，如按各个字段来统计作者、机构、关键词、期刊等的出现频次，并能实现共现矩阵。Bibexcel的数据来自集成在ISI Web of Knowledge平台上的数据库，包括Web of Science数据库、DII数据库和Medline数据库。

Bibexcel能够对数据进行去重处理，实现数据清洗。不仅能够统计相关知识单元的频次，而且能实现知识单元的共现频次矩阵。但由于Bibexcel不具有可视化显示功能，所以人们很难直观地从共现数据中看出知识单元之间关联的紧密程度。为了解决这个问题，可以将产生的共现数据导入Ucinet或者SPSS进行进一步的可视化分析。Bibexcel也不能直接处理中文文献数据。

3) Pajek

Pajek 是一款基于 Windows 的大型网络分析和可视化软件，主要用于社会网络分析[53]。Pajek 以网络图模型为基础，软件的结构是建立在几种数据结构(网络、分类、向量、排序、群和层级)和这些结构的转换之上的，以其快速有效性和人性化的特点，为复杂网络的分析提供了一个仿真平台。它集成了一系列快速有效的算法用于分析复杂网络的拓扑结构，包括从局部的角度分析网络结点和边的性质、利用抽象化的手段分析网络的全局结构、实现各种类型网络图之间的相互转换以及随机图的生成等。Pajek 支持二维、三维网络和三维的可视化，能使用多种格式存储，如 EPS、SVG、KIN、BMP 及 VRML。

4) Ucinet

Ucinet[54]是由加州大学欧文(Irvine)分校的一群网络分析者包括 Borgatti、Everett 和 Freeman 开发的，是目前最流行的社会网络分析软件。Ucinct 是面向矩阵的，数据集合是一个或多个矩阵的集合，可以读取文本文件(text file)或 Excel 文件。Ucinct 还提供大量的数据管理和转换工具，如选择子集、合并数据集、序化、转化或记录数据。Ucinet 集成了多个软件，其中包括一维与二维数据分析软件 NetDraw、三维展示分析软件 Mage，同时集成了 Pajek 用于大型网络分析的应用程序，可以直观地将分析数据图形化显示。Ucinet 本身不包含可视化的过程，但通过调用上述应用程序，能够实现可视化，软件还可以从点度中心性、中间中心性、接近中心性等角度对社会网络进行量化研究。

5) NetMiner

NetMiner[55]是一个把社会网络分析和可视化探索技术结合在一起的软件工具。它允许使用者以可视化和交互的方式探查网络数据，以找出网络潜在的模式和结构。NetMiner 能处理三种类型的变量：邻接矩阵(称为层)、联系变量和行动者属性数据。与 Pajek 和 NetDraw 相似，NetMiner 也具有高级的图形特性，尤其是几乎所有的结果都是以文本和图形两种方式呈递的。从 Excel 表格中导入网络数据，并对数据进行点度中心性、接近中心性、中间中心性计算分析。

6) HistCite

HistCite 是美国科学信息研究所创始人及引文分析开创者加菲尔德及其同事在 2001 年推出的可视化系统，并且不断完善推出新的版本[56]。HistCite 可视化引文分析方法是引文编年图法(historiograph)，引文编年图分析首先选择一组重要的具有代表性的引文，然后以每篇论文作为结点，按时间先后为每篇文章编号，连接这些结点并以引用次数或其被引率为权值，构成引文编年图，利用这一系统他们对很多学科领域的相关问题进行了研究，而国内运用HistCite进行可视化的文献报道很少，李运景[57]和张月红[58]对HistCite进行了简要介绍。

7) DIVA

DIVA是Morris研发的基于MATLAB的分析软件，该软件融合交叉图和时间线技术，这两种技术可以很好地弥补目前可视化技术不能揭示两种特征项关联的缺陷，使得一张交叉图不仅包括两张相应的结点-链接图(聚类谱系图和MDS图)所展现的信息，而且还把两种特征项的关联揭示出来，从而挖掘到许多以往的可视化技术无法揭示的信息。

由于中文文献数据库数据格式不统一，国外的这些软件不能直接用于处理中文文献数据，因而针对中文文献数据库进行学科知识计量及可视化分析处于起步阶段，急需寻找解决的新途径。在科学计量学研究领域中，从文献计量、知识计量、可视化分析的现状来看，也急需开发功能强大、易于维护的知识计量及可视化应用软件工具[59]。

目前，国内对知识计量、可视化分析系统的研究及开发与国外相差甚远，基本上处于对国外理论研究的跟踪阶段，还未有非常突出的软件，但至少进行了这方面的开拓与实验，开发出了一些应用软件。其中，周春雷、王伟军等用Delphi6编制了处理中国期刊题录数据的软件，该软件的主要功能是将数据导入Excel表格，仅限于相关题录数据的统计频次[60]。

朱学芳和周挽澜等[61]研发了中文作者共被引分析系统，该系统手工创建Access数据库，将CSSCI数据导入自建数据库中，从一位指定的作者出发，通过SQL语句查询与之高频共被引的前数位作者，建立作者共被引相关矩阵。采用最小生成树和最短路径方法生成作者关系向量，绘制作者关系赋权无向图，从而实现可视化。

姜春林、杜维滨等用Visual Basic 6.0语言开发了一款软件ccMatrix，用ADO技术连接Access自建数据库，处理统计来源文献题录数据和引文数据[62]。该系统除了统计文献计量指标的频次，其最大的特点是实现了不同题录文献数据的共现关系。

可见，国内开发的处理中文文献数据并用于知识图谱分析的软件，不仅数量少，而且软件的功能单一。

上述软件各有优劣，对于文献中各个字段的频次统计，Bibexcel软件的功能全面、计算效率高，还可以生成知识单元的共现频次矩阵；对于引文网络分析，CiteSpace具有独到之处，它能探测和分析学科研究前沿随时间相关的变化趋势以及研究前沿与其知识基础之间的关系，并且发现不同研究前沿之间的内部联系；对于知识个体、组织间的共被引分析，Ucinet 效果突出，通过点度中心度分析来确定核心研究者，通过中间中心度分析来确定知识传播过程中承上启下的人物，通过凝聚子群分析找出关系紧密的研究小团体。虽然很多先进的算法和优秀的软件不断涌现，但对于评判这些工具和软件功能优劣目前还没有一个统一有效的方法和标准，影响了对其进一步的研究。

3.3　可应用于多重共现的可视化方式研究

从以上知识图谱分析软件来看，可以运用于多重共现的分析方法有社会网络分析法以及交叉图技术，其对应可用的可视化方式分别是 Ucinet 软件绘制的多模网络图以及基于 DIVA 软件改进后的交叉图。下面将应用这两种可视化方式对多重共现的可视化分析进行研究，并对比其效果。

3.3.1　多重共现的社会网络可视化方式

社会网络分析(social network analysis, SNA)近几年极其引人注目[63]。社会网络研究起源于 20 世纪 20～30 年代英国人类学的研究，其基本假设是每个行动者都与其他行动者有或多或少的关系，社会网络分析就是要建立这些关系的模型，力图描述群体关系的结构，研究这种结构对群体功能或者群体内部个体的影响[64]。社会网络是指社会行动者(social actor)及其之间关系的集合[65]，这种关系是资源传递或信息流动的“渠道”，它既可能为个体的行动提供机会，也可能限制其行动。分析社会网络主要是研究行动者的联结关系以及这些联结关系的模式、结构和功能。社会网络的形式化界定是用点和线来表达网络，也就是说，一个社会网络是由多个点(社会行动者)和各点之间的连线(行动者之间的关系)组成的集合。

美国社会心理学家莫雷诺(Moreno)创立的社会测量法为社会网络分析奠定了计量分析基础。Cross 等发现利用该技术及相关的可视化工具，组织管理者不仅可以绘制组织内部知识流动的方向、流量和路径，还可以发现组织中的专家和关键人物，这些信息显然有助于改进组织的知识管理效力。发展至今，社会网络分析已经被广泛应用于网络关系挖掘、支配类型发现(关键因素)以及信息流跟踪，通过社会网络信息来判断和解释信息行为和信息态度。而且作为一种跨学科的研究方法，在社会学、心理学、经济学、信息科学、系统科学与计算机科学的共同努力下，使得社会网络分析从一种隐喻成为一种现实的研究范式[66]。

近年来基于社会网络的分析出现了多种可视化的软件处理工具，如Ucinet、NetDraw、NetMiner 和 Pajek 等，这些具有很强可视化功能的工具极大地提高了 SNA 的直观分析效果，促进了 SNA 在多个领域中的应用。目前最流行的 SNA 软件是 Ucinet。Ucinet 是一种综合型的 SNA 软件，其中包括一维与二维数据可视化分析软件 NetDraw，以及正在发展应用的三维数据可视化分析软件 Mage 等，Ucinet 同时还集成了 Pajek 用于大型网络分析的自由应用软件程序等。Ucinet 将电子表格编辑(spreadsheet editor)功能与各种统计分析的运算方法结合在一起，可以与多种软件进行数据交换[67]。

Leydesdorff 利用社会网络分析法和 SNA 软件[34]把"异质网络"的思想进一步扩展到了 3 模网络，他检索出与所有曾与 Callon 合作过的作者的论文，并抽取论文中的三个特征项，把作者-期刊-关键词联系起来，通过不同类型结点在同一网络中的展现(图 3-1)，不仅有利于分析同一类型结点间以及不同类型结点间的关系，而且也是研究网络更加真实的反映。

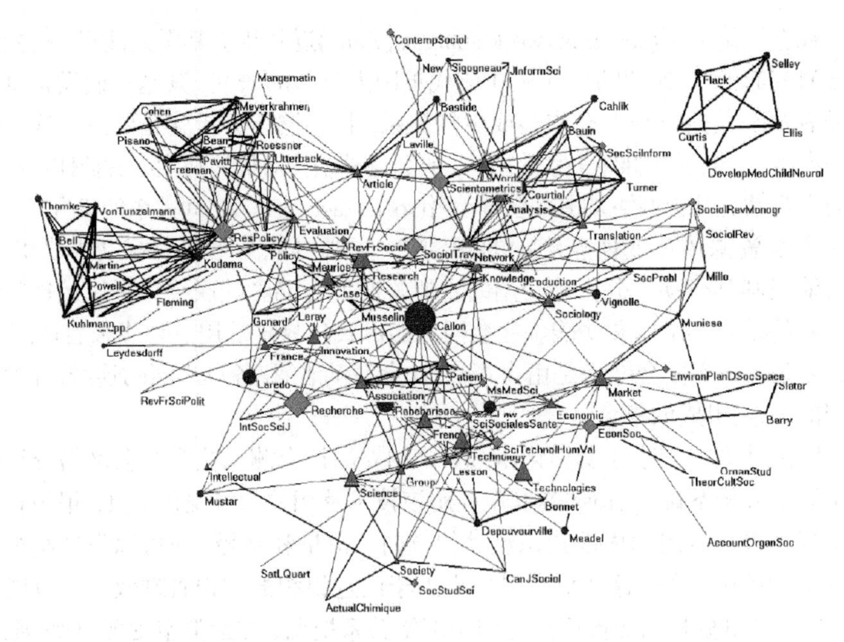

图 3-1　与 Callon 合作发表论文的作者-期刊-关键词 3 模网络图[34]

在多重共现的可视化方式上，可借鉴 Leydesdorff 研究的思想，使用 Ucinet 软件进行绘图。本章通过构建基于论文特征项的共现分析方法揭示了科研机构的科研状况研究[68]，以此来展示社会网络的可视化方式在多重共现分析中的作用。下面选取中国科学院文献情报中心(原国家科学图书馆，简称国科图)发表论文的集合为研究样本进行分析(图 3-2)。

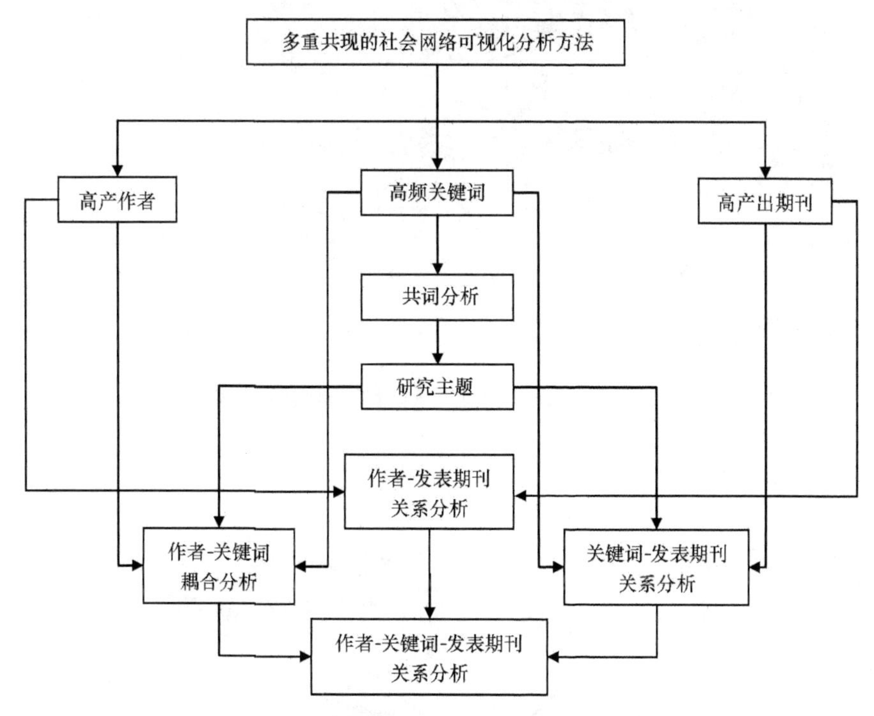

图 3-2　多重共现的社会网络可视化分析方法

分析的层面从单个论文标引特征项(包括作者、关键词、发表期刊)到两个共现特征项的共现(包括作者-发表期刊、作者-关键词、关键词-发表期刊)都进行了分析，最后使用三个共现特征项的共现(作者-关键词-发表期刊)进行了多重共现的分析研究，以求能够深入揭示出科研机构内部的科研情况。对于三个特征项之间的共现关系可通过如图 3-3～图 3-6 所示的四个由 Ucinet 软件绘制的图形进行分析。

上述四个多模网络图分别展示出 O[ap; kwp]、O[ap; jp]、O[kwp; jp]、O[ap; kwp; jp]四种共现关系(包括三个二重共现与一个三重共现的关系)。图中连线的粗细代表链接特征项之间共现的频次，频次越高，连线越粗。

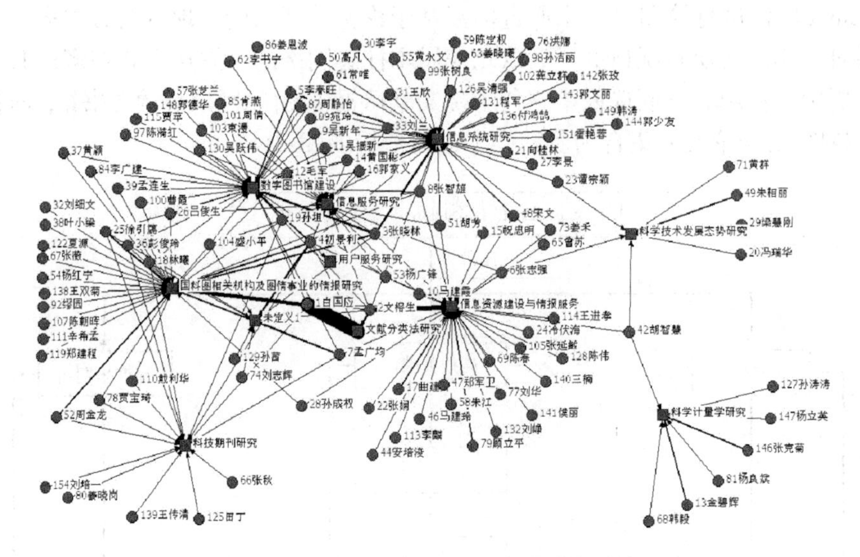

图 3-3　作者-关键词(聚类为研究主题)2 模网络图(国科图论文数据集)

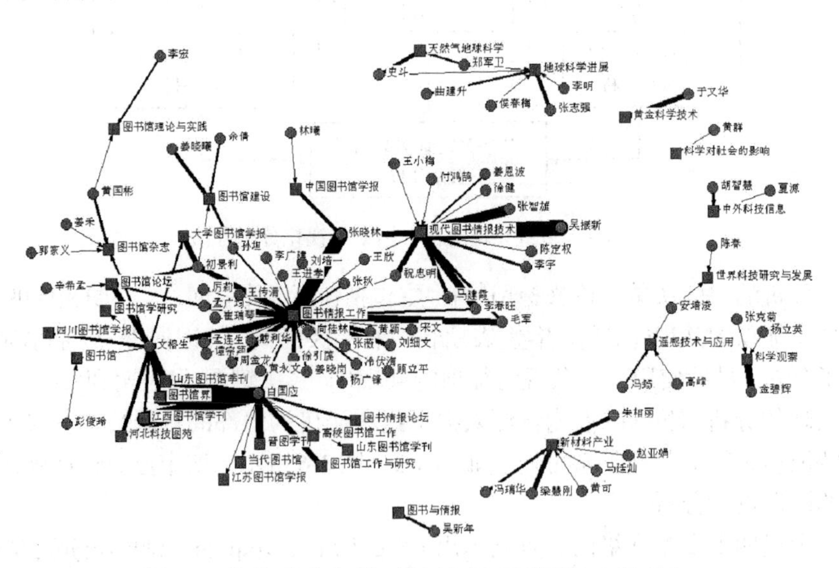

图 3-4　作者-发表期刊 2 模网络图(国科图论文数据集)

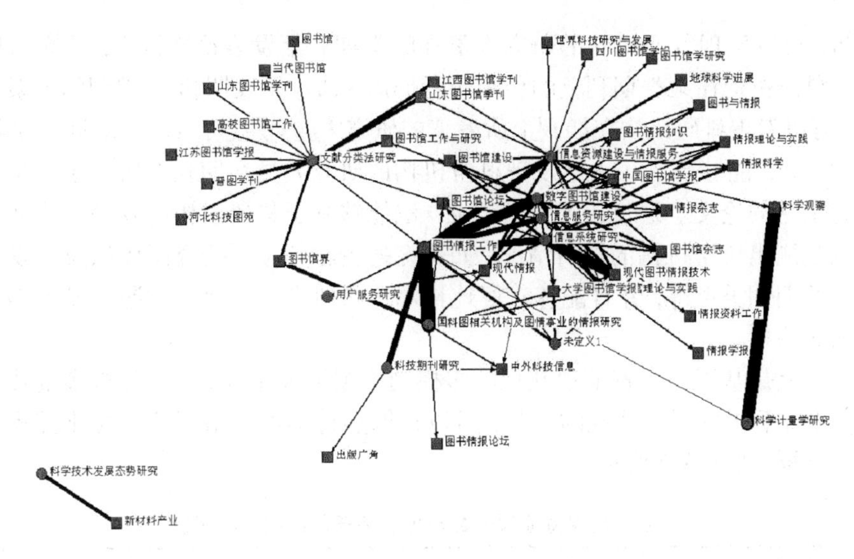

图 3-5　发表期刊-关键词(聚类为研究主题)2 模网络图(国科图论文数据集)

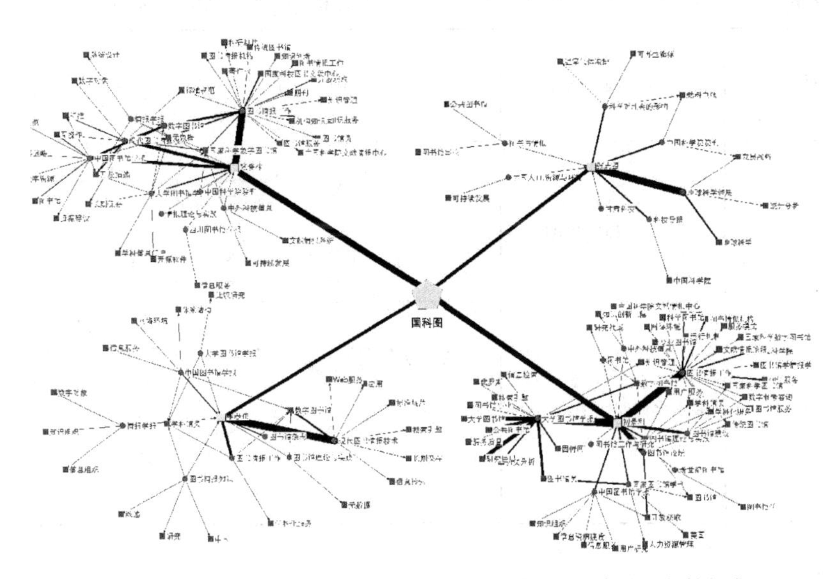

图 3-6　作者-发表期刊-关键词的关系网络图(国科图论文数据集)

从以上分析方法以及分析图形来看，通过统计科研机构所发表论文中的高产作者、高频关键词、高产出期刊，可以发现科研机构中的主要研究人员、主要研究主题以及研究成果的主要载体。通过作者-关键词耦合分析可以找出科研机构中的主要研究方向及其相应的研究团体。通过作者-发表期刊的关系分析，可以发现科研机构的研究人员在哪类期刊上发表论文较多，或者可以发现科研机构在某类期刊上的稳定作者群体。通过发表期刊-关键词的关系分析，可以发现科研机构在期刊上所发表的研究主题。通过作者-发表期刊-关键词的分析，能够更为深入地发现科研机构的研究人员在期刊上所发表的某类研究主题的论文。通过研究发现，该方法能够基于科研机构所发表的论文较好地观测出科研机构的科研情况，如研究的主题领域、研究团体以及所发表论文的期刊类型等，并且能够较好地揭示出科研人员、研究主题、发表期刊之间的关系。

以上是基于三个特征项共现的多模网络图可视化方式，在分析多重共现中，针对不同特征项共现的个数，可以选取多种多模网络图的可视化方式来组合分析，如表 3-2 所示。

表 3-2　共现特征项个数与可选多模网络图分析示例

共现特征项的个数	可选用的多模网络图	示例(不同符号代表不同类别的特征项，连线粗细代表关联强度的强弱)
两个	一个 2 模网络图	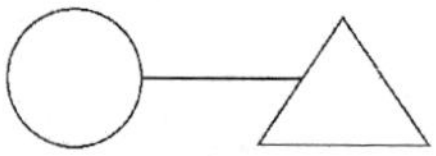
三个	三个 2 模网络图和一个 3 模网络图	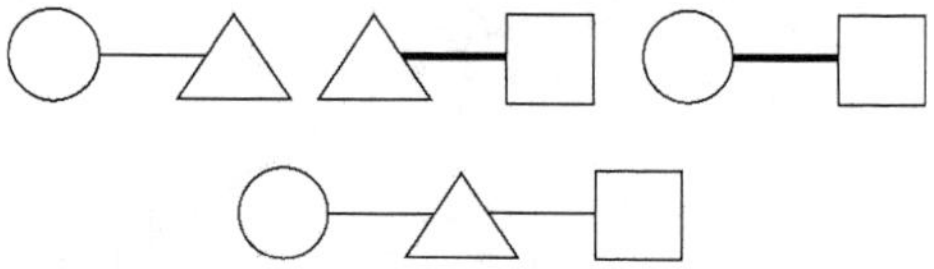
三个以上	多个多模网络图的组合	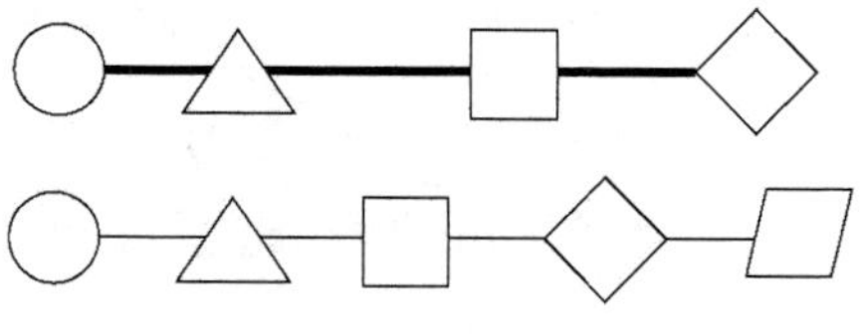 ……

3.3.2　多重共现的交叉图技术可视化方式

为了揭示两种特征项之间的关联，美国科学计量专家 Morris[30,31]借助两个共现矩阵相同特征项之间的关联，开发了 DIVA 软件，并利用交叉图和时间线技术进行了应用研究，两种技术可以很好地弥补目前可视化技术不能揭示两种特征项关联的缺陷。在 Morris 的交叉图技术中，交叉图(时间线)技术分别

用 x 轴、y 轴表示两种不同类型的特征项，首先利用 x 轴、y 轴轴线揭示每种特征项内部的关联结构，然后在 x 轴、y 轴的交叉点用结点(颜色、大小)显示两种特征项关联强度。可见，一张交叉图不仅包括两个不同特征项的关联关系，还包含这两个特征项自身的聚类关系。显然，比起一般的结点-链接图、聚类谱系图和 MDS 图，交叉图(时间线)可以揭示更多的信息，挖掘到许多以往的可视化技术无法揭示的信息。例如，机构合作与研究主题交叉图可以考察哪些机构合作研究了哪些相关的研究主题(图 3-7)。

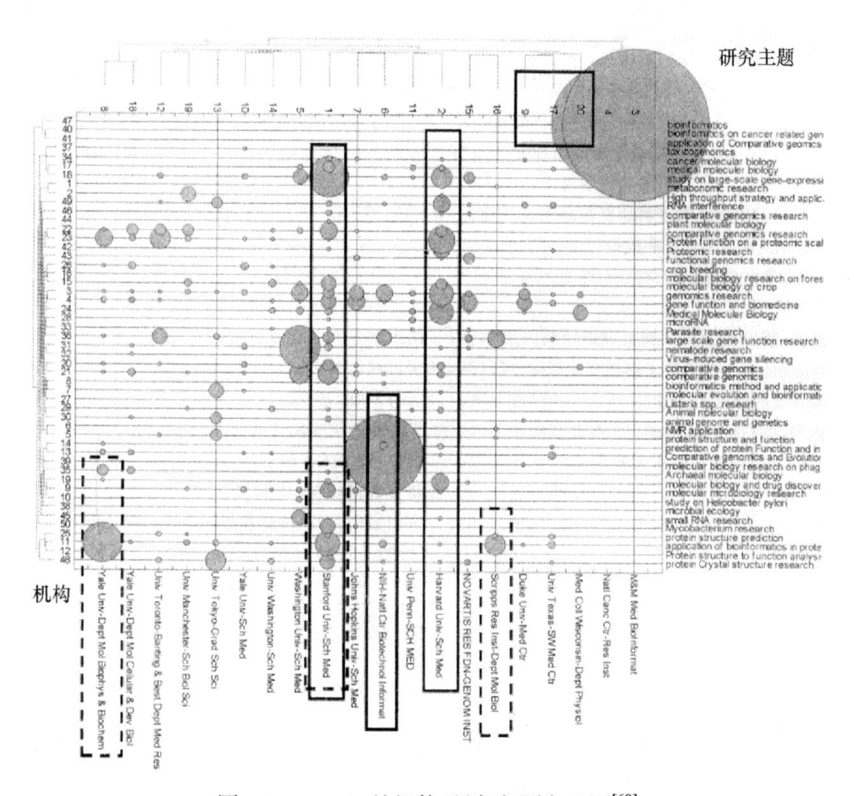

图 3-7　Morris 的机构-研究主题交叉图[69]

为了能更有效地显示出多重共现中各特征项的关联关系，本书借鉴 Morris 的交叉图显示方式，并对其进行了改进。图 3-7 是 Morris 的交叉图，而图 3-8 则是对其进行改进后的交叉图显示样例。Morris 的交叉图技术分别用 x 轴、y 轴表示两种不同类型的特征项，而为了能够显示出三个特征项之间的关联关系，本书在 x 轴、y 轴的交界处加入了另一特征项来显示其与 x 轴、y 轴上两种特征项的多重共现关系(图 3.8)，同时在坐标的外围处，也加入了另一特征项来分别显示其与 x 轴、y 轴特征项的共现关系。从图 3-7 中可以看出，Morris 的交叉图着重于显示两个特征项之间的关联关系，如图 3-7 中机构合作与研究主题交叉图可以考察哪些机构合作研究了哪些相关的研究主题；而改进后的交叉图除了可用于显示两个特征项之间的关联关系，还可以显示三个特征项之间的共现关系，例如，使用图 3-8 的多重共现交叉图技术来分析机构-期刊-关键词的多重共现关系，可以考察哪些机构在哪些期刊中发表了哪类研究主题(关键词)的论文。由此可见，多重共现的交叉图技术可以揭示更多的信息，挖掘出原有交叉图可视化技术所无法揭示的信息。

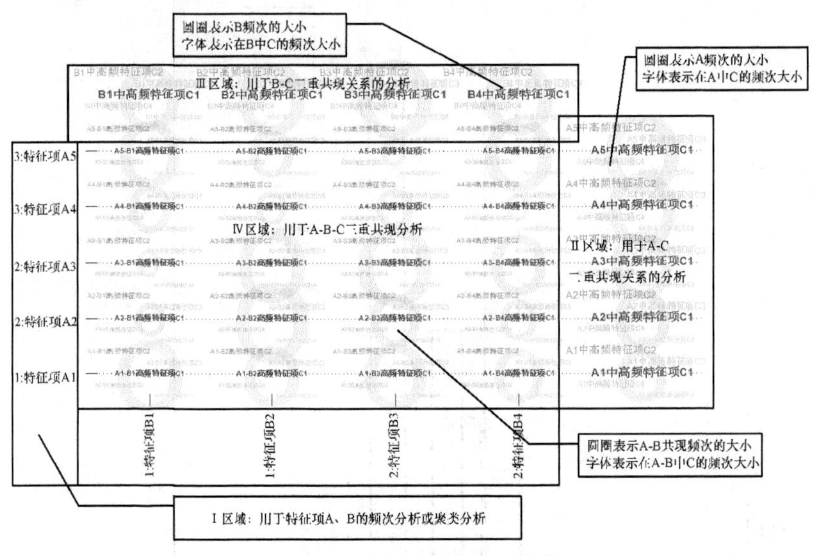

图 3-8　多重共现的交叉图技术

与多重共现的社会网络可视化分析方法相同，本章也用多重共现的交叉图技术构建了一套分析方法来揭示科研机构的科研状况(图 3-9)，以此来展示改进后的交叉图技术的可视化方式在多重共现分析中的作用。下面同样选取国科图为研究样本进行分析。

对于一个科研机构，其发表的论文承载了其大部分最新科研成果，如图 3-10 所示，通过研究科研机构所发表论文特征项的共现关联情况，可以了解该科研机构的研究主题、科研人员的配置、发表期刊、研究热点等情况。并且该多重共现的交叉图可视化技术，除了能分析多重共现，还自动涵盖了一重、二重共现的关系，并可同时在多重共现的交叉图中进行分析。

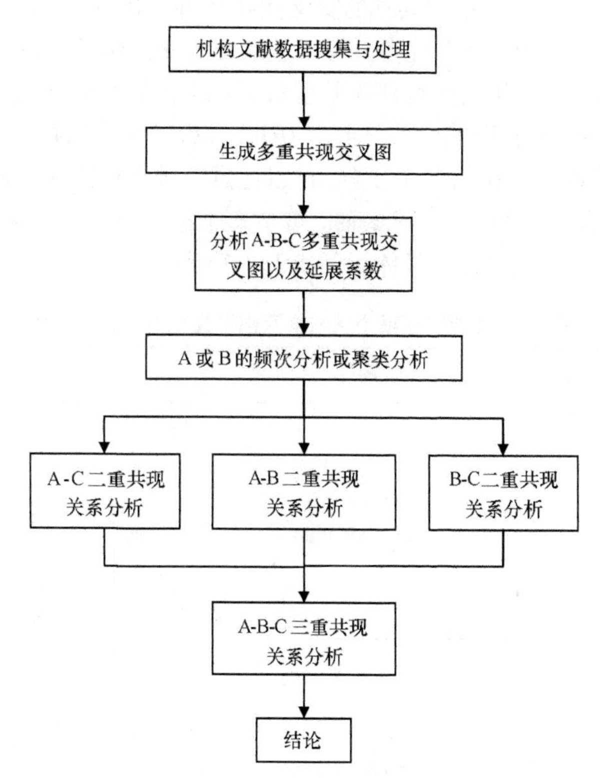

图 3-9　多重共现的交叉图揭示科研机构的科研状况

A 代表 y 轴上的特征项, B 代表 x 轴上的特征项, C 代表交叉点上的特征项

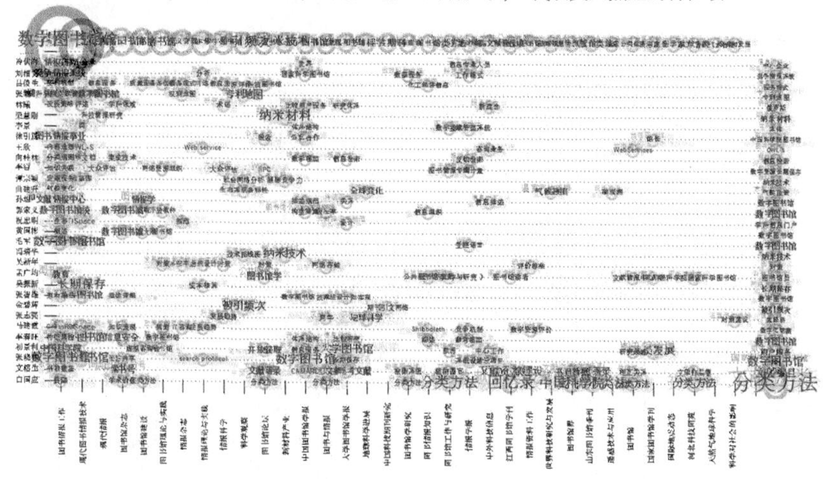

图 3-10　国科图作者-发表期刊-关键词多重共现交叉图

以上是基于三个特征项共现的交叉图技术可视化方式，在分析多重共现中，针对不同特征项共现的个数，可以选取多种交叉图的可视化方式进行具体分析。例如，在分析两个特征项共现时，可以沿用 Morris 的交叉图可视化方式；在分析三个特征项共现时则需使用改进后的交叉图技术；在分析三个以上特征项共现的可视化方式方面，可以通过三维坐标图显示四个特征项共现关系，或者是把 *x* 轴、*y* 轴、*z* 轴上变成多个特征项的组合显示方式，以显示更多的特征项共现关系。具体示例如表 3-3 所示。

表 3-3　共现特征项个数与交叉图可视化方式分析示例

共现特征项的个数	交叉图技术	示例
两个	二维交叉图技术 (只含 *x* 轴和 *y* 轴)	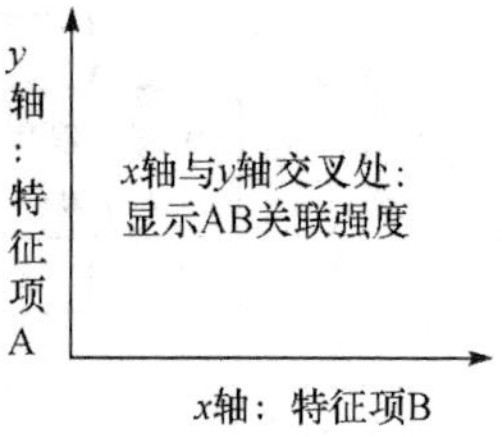 *y* 轴：特征项A *x*轴与*y*轴交叉处：显示AB关联强度 *x*轴：特征项B
三个	二维交叉图技术 (只含 *x* 轴和 *y* 轴)	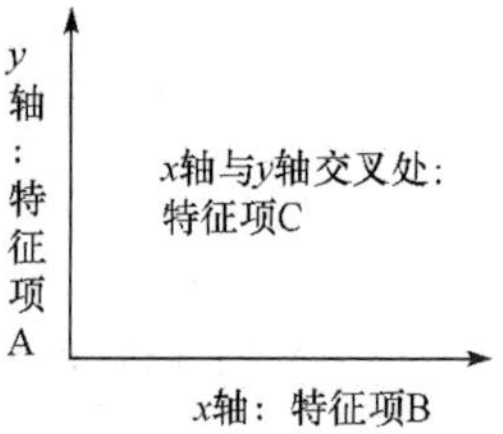 *y* 轴：特征项A *x*轴与*y*轴交叉处：特征项C *x*轴：特征项B
三个以上	三维交叉图技术 (含 *x* 轴、*y* 轴、*z* 轴)	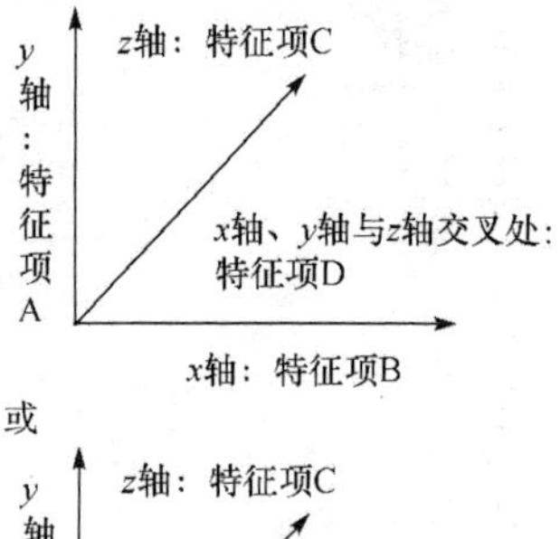 *y* 轴：特征项A *z*轴：特征项C *x*轴、*y*轴与*z*轴交叉处：特征项D *x*轴：特征项B 或 *y* 轴：特征项A *z*轴：特征项C *x*轴、*y*轴与*z*轴交叉处：特征项D *x*轴：特征项组合B-E 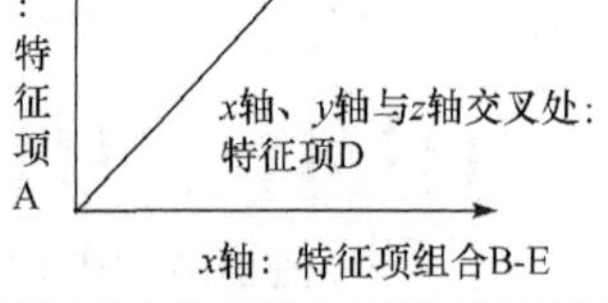

3.3.3　多重共现的可视化方式对比研究

通过对比两种可应用于多重共现的可视化方式，一种是基于社会网络分析方法的多模网络图，另一种是多重共现交叉图(基于 Morris 交叉图的改进)，发现通过多重共现交叉图技术，能够在一张图内同时显现出多模网络图中的四种共现关系，即在一个三重共现交叉图中同时显现出三个特征项之间的三个二重共现关系以及一个三重共现关系，在进行多重共现知识发现的分析过程中更为直观和便捷(如交叉图图 3-10 可以展现出图 3-3～图 3-6 中的相关信息)。

此外，从不同的可视化分析效果来看，多模网络图(以下简称多模图)与交叉图技术(以下简称交叉图)在多重共现可视化分析中各有特点，具体如下:

(1) 在显示效果上，交叉图可以在一张图中显示多个特征项的相互关系，如图 3-10 所示，一个交叉图(三个特征项共现)可以包含三个 2 模网络图和一个 3 模网络图的信息，即一个三重共现交叉图能够同时显现三个二重共现和一个三重共现关系，而多模图则需通过多个图的组合才能显示出该效果。但是由于交叉图在 x 轴、y 轴上显示的特征项有限，所以交叉图在显示特征项关系时，所显示的具体特征项个数不如多模图中显示得多，需要筛选或截取来限定 x 轴和 y 轴上显示的特征项。

(2) 在分析效果上，交叉图可以在 x 轴、y 轴上对特征项进行排序或者聚类，而多模图则可以显示特征项的中心性特点。

(3) 在数据处理上，多模图的分析方法需要先在软件(Ucinet 等)外部处理共现数据，再导入社会网络分析软件中显示；在交叉图中，数据可以直接在交叉图分析软件中处理，然后直接转换成图形的形式来显示可视化效果，可以实现数据处理、可视化显示一体化集成分析的效果。

综上所述，交叉图技术相比于多模网络图，在显示效果和数据处理分析方式上略胜一筹，因此在本书中将采取多重共现的交叉图技术作为可视化方式进行多重共现的知识发现方法研究。

3.4　小　　结

本章对可视化概念进行了概述，并分析了目前在知识图谱领域应用的可视化分析方法与软件工具。同时，也研究了可应用于多重共现的可视化分析方式，包括社会网络可视化方式以及交叉图技术可视化方式，还对这两种可用于多重共现可视化的具体分析方法、显示方式进行了阐述和展示。最后，通过对比这两种不同可视化方式的特点，发现多重共现交叉图的可视化技术较好，主要是因为通过多重共现交叉图技术能够在一张图内同时显现出多个多模网络图中的共现信息，例如，在一个三重共现交叉图中就能同时显现出三个二重共现关系以及一个三重共现关系，因此在后续章节多重共现知识发现方法的研究中将选用交叉图技术作为可视化方式。

第 4 章　多重共现知识发现方法的理论研究

4.1　知识发现的概念、模式及一般过程

4.1.1　数据、信息与知识的定义

要了解知识发现的内容, 首先应该了解数据、信息和知识的定义。

数据是指描述事物的符号记录, 它涉及事物的存在形式, 是关于事件的一组离散的客观的事实描述, 也是构成信息和知识的原始材料, 可以用结构化的记录来描述。数据本身并没有特别的价值, 要想使数据更有用, 需要对它进行验证或精确测试。数据可分为模拟数据和数字数据两大类。数据也可指计算机加工的"原料", 如图形、声音、文字、数字、字符和符号等[70]。

信息是一种消息, 通常以文档和视觉的交流来表现, 使接收者从中领悟到某些内容。事实上, 信息的价值体现在其数据的准确性, 信息应能及时地发送和允许方便地访问, 以便适用于用户问题的反馈。总体来说, 信息是人们在适应外部世界并使这种适应反作用于外部世界过程中, 同外部世界进行互相交换的内容和名称[71]。

自从有了人类, 知识的问题就随之诞生。知识是人们在改造自然的实践中所获得的认识和经验的总和, 人类的发展史就是知识的发展史。关于知识目前还没有统一的定义, 有的定义认为知识是对某个主题确信的认识, 并且这些认识拥有潜在的能力为特定目的而使用, 即指透过经验或联想, 能够熟悉进而了解某件事情; 这种事实或状态就称为知识, 包括认识或了解某种科学、艺术或技巧。此外, 知识也指透过研究、调查、观察或经验而获得的一整套知识或一系列资讯[72]。Drucker 认为, "知识是一种能够改变某些人或事物的信息, 这既包括使信息成为行动的基础的方式, 也包括通过对信息的运用使事物的某个个体(或机构)有能力进行改变或进行更为有效的行为的方式"[73]。Prusak 认为, "知识是一种有组织的经验、价值观、相关信息以及洞察力的动态组合, 它所构成的框架可以不断地评价和吸收新的经验和信息。在组织结构中, 它不但存在

于文件或档案中，还存在于组织结构的程序、过程、实践及管理之中”[74]。《现代汉语词典(第 5 版)》中对知识的定义是“人们在社会实践中所获得的认识和经验的总和”。

应该说，知识就是一个动态的活动过程，是人对事物的认识和经验(包括技能)的总和。知识的力量不是表现为对外部世界的描述，而是表现为一定情景下的有意义的活动，因为知识会产生行动并导致行为的改变。它不但存在于编码化信息中，也存在于人脑和组织行为中，是一定的行为主体通过行动从相关信息中过滤、提炼及加工而得到的有用的系统性结论。

4.1.2　知识发现的概念

数据库中的“知识发现”一词首次出现在 1989 年 8 月于美国底特律举行的第 11 届国际联合人工智能学术会议上。美国随后几年举行了有关知识发现专题讨论会。知识发现是指从数据库中识别有效的、新颖的、有潜在价值的以及最终可理解的高级处理过程[75]。1995 年在加拿大召开了第一届知识发现和数据挖掘的国际学术会议，从此以后，知识发现与数据挖掘开始流行起来。作为一门新兴的研究领域，知识发现一经出现立即受到广泛的关注。知识发现被认为是今后具有重要影响和应用前景的关键技术。

最早关于知识发现的定义是针对结构化的知识发现对象，随着知识发现的发展，开始挖掘研究对象的非结构化特征，根据研究对象的不同，知识发现包括数据挖掘和文本挖掘。

数据挖掘主要是基于数据库数据的知识发现，它从实际的海量数据源中抽取知识，这些海量数据源通常是一些大型数据库。由于数据挖掘使用的数据直接来自数据库，所以数据的组织形式、数据规模都具有依赖数据库的特点。数据挖掘处理的数据量非常巨大，数据的完整性、一致性和正确性都难以保证。所以，数据挖掘算法的效率、有效性和可扩充性以及现代数据库技术的优势是提高数据挖掘算法的有效途径。

文本挖掘主要用于基于文本信息的知识发现，它利用智能算法，如神经网络、基于案例的推理、可能性推理等，并结合文字处理技术，分析大量的非结构化文本源(如文档、电子表格、客户电子邮件、问题查询、网页等)，抽取或标记关键字概念、文字间的关系，并按照内容对文档进行分类聚类，获取有用的知识和信息。

4.1.3 知识发现的模式

知识发现的功能是从数据集中发现对用户有用的模式。按照模式的实际作用，知识发现所能发现的模式可分为以下几类[76,77]。

1) 概念或类描述

概念描述就是对某对象类的内涵进行概括或描述，指出其特征。概念描述分为数据区分性描述和数据特征化描述，区分性描述是指将目标类对象的一般特征与一个或多个对比类对象的一般特征进行比较，描述不同类对象之间的区别。而特征化描述是通过归纳目标数据的一般特征而描述同类对象间的共同点。

2) 分类

分类是知识发现研究的重要分支之一，是一种有效的数据分析方法。对于数据挖掘，分类的目标是通过分析训练数据集，构造一个分类模型(即分类器)，该模型能够把数据库中的数据记录映射到一个给定的类别，从而可以应用于数据预测。一般来说，分类规则挖掘过程可以分为两个步骤：第一步，通过对训练数据集的分析形成分类模型；第二步，首先使用测试数据评估分类规则的准确率，若模型被认为是可接受的，则可以进而利用模型对新的类标号未知的数据集进行分类。对于文本挖掘，就是把文档集合按照预先定义的主题类别，每个文档确定一个类别。这样，用户不但能够方便地浏览文档，而且可以通过限制搜索范围使文档的查找更为容易。

3) 关联

关联规则挖掘是指发现大规模数据集中频繁项集之间人们感兴趣的关联或相关关系，展示属性-值频繁地在给定数据集中同时出现的条件，通俗地说，就是挖掘数据库中一组对象之间某种关联关系的规则，这种关联关系可以是“同时发现”、“形如 $A \geqslant B$ 的蕴涵式”等。由此可知，关联规则挖掘首先找出频繁项集，然后由频繁项集产生关联规则。大量数据之间的关联规则在决策分析领域或商业管理方面是有用的，然而并非所有的关联规则都是人们感兴趣的；并且一般认为关联规则可以作为进一步探查的切入点，而不应当直接用于没有进一步分析的领域知识的预测。

4) 聚类

聚类分析问题的基本特征就是将具有相似属性的一些目标对象划归为同一个集合，也就是说，在对数据集进行分析时，训练数据中对象的类标记未知，可以通过聚类产生这种类标记。类标记的产生根据“最大化类对象的相似性，最小化类间对象的相似性”的原则进行分组，形成对象的聚类。这里所形成的对象聚类可以视为对象类，由此导出类规则，又称无指导的分类，与分类的不同之处在于分类规则挖掘是基于类标识已知的训练数据，而聚类规则挖掘则是直接针对原始数据进行的。文本聚类是一个将文本集分组的全自动处理过程，每个组中的文本在某些方面互相接近。如果把文本内容作为聚类的基础，那么不同的组与文本集不同的主题相对应。所以，聚类是一个发现文本集包含内容的方法。

5) 时间序列模式分析

时间序列模式(可用于关联规则分析组合，此模式主要是加入时间因素的前后关联分析)根据对随时间变化的对象进行分析，建立模式描述对象的变化规律和趋势。这类分析的重要特点是考虑时间因素，包括对时间序列数据的分析。在一定程度上，时间序列模式分析与关联模式分析类似，但时间序列模式侧重于考虑数据之间在时间影响下的关系。

上述几种模式中，分类和聚类在统计学、机器学习和模式识别等领域中已得到较为深入的研究，在知识发现技术兴起之后，它们又得到进一步的研究，以适应知识发现应用的需要。在机器学习中，它们分别属于有教师学习和无教师学习两个类别。而关联规则是从数据挖掘领域中新提出的一种技术，在文本知识挖掘中也得到了广泛研究和应用。另外，值得一提的是，给定一个文本集合，从中可以发现的知识类型不是唯一的，其中往往隐藏着多种知识类型。各项挖掘任务也不是绝对相互独立的，若能综合运用各种技术，或者将发现知识的技术很好地集成在一起，就可能高效、尽可能多地发现潜在的有用知识。

4.1.4 知识发现的一般过程

根据知识发现研究对象的不同，知识发现的实现思路可以分为两种[77]：一是基于数据库的知识发现过程，利用数据挖掘方法从数据库中识别有效的、新颖的、有潜在价值的以及最终可理解的模式；另一种是基于文本信息的知识发现过程，通过将非结构化数据进行一定的结构化处理，转而选用合适的数据挖掘方法或其他方法对结构化的文本信息深入分析，抽取事先未知的、可理解的、最终可用的信息或知识。

1) 基于数据库的知识发现过程

知识发现是一个需要经过反复的多次处理的过程。知识发现的过程主要包括数据清理与集成、数据变换、数据挖掘、模式评估与知识表示[78]，如图 4-1 所示。

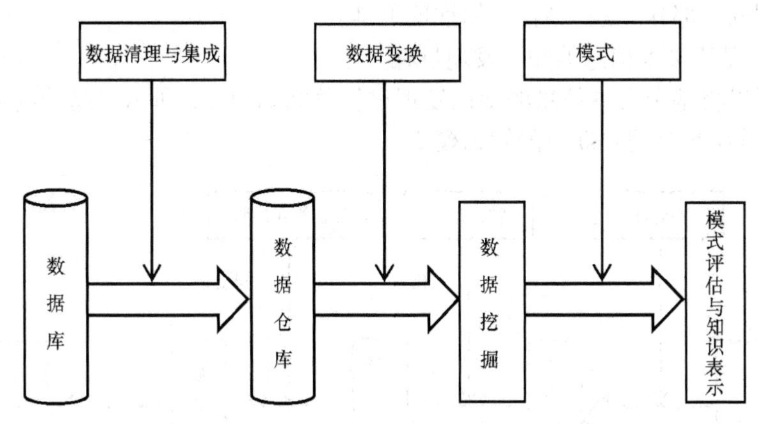

图 4-1　基于数据库的知识发现过程[78]

(1) 数据清理(data clearing)，其作用是清除数据噪声和与挖掘主题明显无关的数据。

(2) 数据集成(data integration)，其作用是将来自多数据源中的相关数据组合到一起。

(3) 数据变换(data transformation)，其作用是将数据转换为易于进行数据挖掘的数据存储形式。

(4) 数据挖掘(data mining)，它是知识发现的一个基本步骤，其作用是利用智能方法挖掘数据模式或规律知识。

(5) 模式评估(pattern evaluation)，其作用是根据一定评估标准从挖掘结果筛选出有意义的模式知识。

(6) 知识表示(knowledge presentation)，其作用是利用可视化技术和知识表达技术向用户展示所挖掘出的相关知识。

数据清理、数据集成与数据变换统称预处理过程，它在整个知识发现过程中起着很重要的作用。现实世界的很多数据是不完整的、含噪声的并且是不一致的，数据预处理可以改进数据的质量，从而有助于提高数据挖掘过程的精度和性能。由于高质量的决策必然依赖于高质量的数据，所以数据预处理是知识发现过程的重要步骤。

数据挖掘作为知识发现过程的一个基本步骤，是指从存放在数据库、数据仓库或其他信息库中的大量数据中挖掘人们感兴趣的知识的过程。从分析的观点看，数据挖掘主要是寻找数据中隐含的数据格式，特别是搜索数据间的相关性或关系的有效性等。从逻辑或推理的观点看，数据挖掘被理解为演绎推理的一部分，是一种特殊的推理工具。

2) 基于文本信息的知识发现过程

可以将基于文本信息的知识发现过程总结如图 4-2 所示。起始点是文本源，最终结果是用户获得的知识模式。

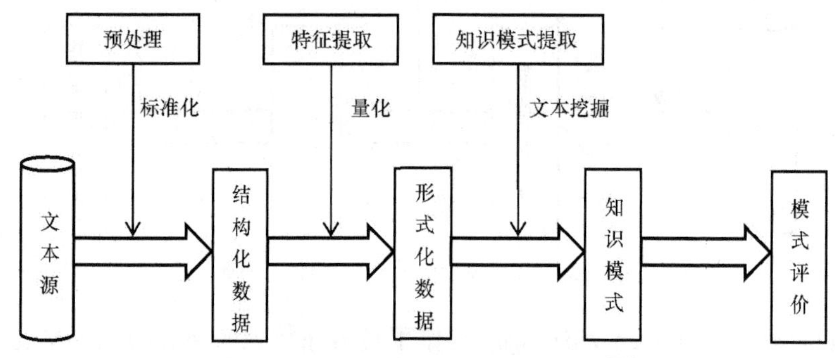

图 4-2　基于文本信息的知识发现过程[78]

基于文本信息的知识发现一般经过从文本源中进行资源发现、对文本预处理后形成结构化数据、特征提取后形成形式化数据、知识模式提取、模式评价五个阶段。首先从海量数据集中检索出与挖掘目标相关的文本资源，然后对待挖掘的文本进行分词处理，把文本切分成特征词条。由于文本数据的表达往往没有可规则处理的结构，缺乏类似关系数据库中数据的组织规整性，所以需要将这些文档转化成一种类似于关系数据库中记录的较规整且能反映文档内容特征的表示，如采用文档特征向量来反映文本内容。但是，在目前所采用的文档表示方法中，存在一个共同的不尽如人意的地方——文档特征向量具有惊人的维数。因而，特征向量的约简处理成为文本挖掘处理过程中一个必不可少的环节。在完成特征向量维数的缩减后，便可以利用机器学习的方法来提取面向特定应用目的的知识模式。最后对获取的知识模式进行质量评价，若评价的结果满足一定的要求，则存储该知识模式，否则返回以前的某个环节加以改进后进行新一轮的挖掘工作。

4.2　多重共现的知识发现方法体系设计

本书把知识发现的概念、模式、一般过程与多重共现的分析过程结合起来，在设计多重共现知识发现方法的分析过程中也遵循以下一般的知识发现分析步骤：数据搜集与清理→数据处理(使用矩阵转换技术、降维技术、聚类分析等)→生成多重共现交叉图→分析多重共现交叉图特点→汇总知识发现结论。

根据各种共现研究的特点，论文特征项之间关系可以从多个角度来描述，如隶属关系(论文与论文作者)、引用关系(论文与引文)、合作关系(科研机构之间)、使用关系(作者与关键词)、突发关系(作者与发文时间)等。依据特征项的各种关系分析的需要，本书设计的多重共现知识发现的方法体系包括三个方面的内容。

如图 4-3 所示，多重共现的知识发现方法体系包括共现关联强度的分析方法、被引关联强度的分析方法以及共现突发强度的分析方法。共现关联强度分析是指通过对多个特征项之间共现频次大小的分析，来揭示其潜在的共现关联状况；被引关联强度分析是指通过对多个特征项之间共同被引频次大小的分析，来揭示其被关注的情况；而共现突发强度分析是指通过对多个特征项共现突发权值的分析，来揭示其变化状况及突发的热点内容。

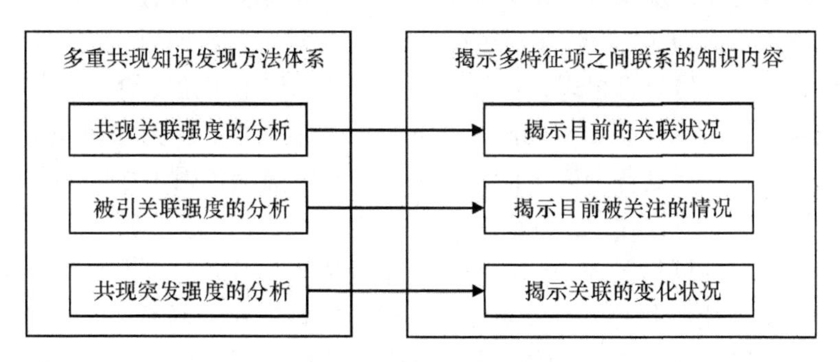

图 4-3　多重共现的知识发现方法体系

通过该方法体系的构建可以完善多重共现的知识发现方法，并从多个角度揭示多特征项之间的关联知识，包括对单个特征项的聚类或频次分析、两个特征项之间的关联关系乃至多个特征项之间的关联关系。因此，多重共现知识发现方法的设计除了可分析三重或三重以上的多重共现，还同时涵盖了一重、二重共现的分析。

在该方法体系下，多重共现的共现关联强度、被引关联强度以及共现突发强度的分析方法以及具体的分析流程和交叉图的可视化方式也不尽一致，因此以下将分别针对这三种知识发现方法进行进一步的研究和分解。该多重共现的知识发现方法可以分析三个或三个以上论文特征项的关系，但是由于在涉及三个以上特征项共现时，其共现的频次大多较低，数据离散程度较高，并不利于关联强度和突发强度的知识揭示。因此，在下面的多重共现知识发现分析方法中将主要基于三个特征项的共现作为多重共现的研究样例，而三个以上特征项共现的分析方法也可依照此分析方法进行进一步的类推。

4.2.1 共现关联强度的分析方法设计

1. 分析意义

从认知角度，关联性是人们理解话语时在新出现的信息与语境假设之间寻求关联，关联就是指其中的认知与推理过程。从信息检索角度，关联是通过甲找到乙，通过乙找到丙，通过丙找到丁等，如此层层递进，最终找到知识之源。知识之间存在很多有用的关联，在知识组织中，如果将知识视为一种网状结构，那么这种特定意义上的知识就是由众多的结点(即知识因子)和结点之间的联系(即知识关联)两个要素组成的[79]。知识因子是组成知识的基本单位，一个概念、一种事物都可以称为知识因子。从知识组织角度给出的定义可知，知识关联是若干个知识因子之间建立起来的特定联系。因为知识是有机联系的网状结构，而不是各个因子的散乱分布，所以揭示各因子之间的关联能够使知识网络化、有序化，能够有效地组织知识。

目前随着互联网的发展，在网络信息环境下，用户对知识服务的需求日益呈现出多样化的趋势，不仅需要看到能使知识序化的联系，还希望能找到知识之间所隐藏的联系。例如，在信息内容分析中不仅需要看到词汇与词汇之间的内容关联，而且希望找到词汇以外其他表达特征项所隐含的关联与寓意，通过潜藏的信息线索发现有价值的知识或情报。

当前对于知识关联还没有统一的定义，卢宁[77]将知识关联定义为：知识关联是指大量的知识点之间存在的知识序化的联系，以及所隐藏的、可理解的、最终可用的关联。它超出了信息检索的范畴，主要是揭示知识之间隐含的关联与寓意，发现更有价值的知识。他把知识关联分为两大类：基于知识元的关联、基于文献内容和外部特征的关联。并且在基于文献内容特征和外部特征的关联中，他认为："文献作为一个整体，不仅包含反映文献主题内容的内容特征，也包含大量的外部特征，如作者、引文、标题等。这些特征中隐藏着许多有意义的信息，通过分析文献内容的关联，可以发现该领域中的研究热点问题，而通过分析作者或机构的关联，可以发现该领域中的核心作者和核心机构。文献内容特征和外部特征的关联具有很重要的研究价值。"

本书多重共现的共现关联强度分析方法是将科技论文中的共现特征项信息定量化的分析方法，以揭示信息的内容关联和特征项所隐含的寓意。共现关联强度分析的方法论基础是心理学的邻近联系法则和知识结构及映射原则。心理学的邻近联系法是指曾经在一起感受过的对象往往在想象中也联系在一起，以至于想起它们中的某一个时，其他对象也会以曾经同时出现时的顺序想起。

文献计量研究中，共同出现的特征项之间一定存在着某种关联，关联程度可用共现频次来测度。通过对多个特征项共现的分析，可以发现它们之间密切关联的知识关系，共现关联强度越高(即共现频次越高)，说明特征项之间的关系越密切。例如，作者-关键词-发表期刊共现关联强度越高，说明该类作者主要偏向于在某类期刊上集中发表某类研究主题的文章；又如，作者-作者-关键词共现关联强度越大，说明两位作者之间在某个领域合作关系越紧密。

2. 数据模型

在共现关联强度中，要对多个特征项的共现关联强度进行分析，需把论文数据向多特征项关联数据进行转换，使论文数据转换成为可用于共现关联强度分析的数据模型形式，如 $R(x_1, x_2, \text{value})$、$R(x_1, x_3, \text{value})$、$R(x_2, x_3, \text{value})$、$R(x_1, x_2, x_3, \text{value})$($x_1$、$x_2$、$x_3$代表特征项，value 代表共现频次，如图 4-4 所示)，基于该数据模型可进一步生成多重共现交叉图。

具体数据模型的转换如表 4-1～表 4-5 所示。

论文数据表

特征项 1	特征项 2	特征项 3	特征项 4	特征项 5	…
…	…	…	…	…	…

多重共现数据表

$R(x_1, x_2, x_3, \text{value})$

特征项 1	特征项 2	特征项 3	共现频次
…	…	…	…

$R(x_1, x_2, \text{value})$

特征项 1	特征项 2	共现频次
…	…	…

$R(x_2, x_3, \text{value})$

特征项 2	特征项 3	共现频次
…	…	…

$R(x_1, x_3, \text{value})$

特征项 1	特征项 3	共现频次
…	…	…

图 4-4 论文数据向多特征项共现关联数据的转换

表 4-1 共现关联强度分析的论文数据表范例

题名	作者	文献来源	关键词	发表时间	第一责任人	…
国外遥感卫星地面站分布及运行特点	安培浚，王雪梅，张志强，高峰	遥感技术与应用	遥感，地面站，卫星，分布，运行	2008-12-15	安培浚	
NSF地球科学部(GEO) 2009 财年资助情况分析与近期资助焦点	安培浚，张志强	世界科技研究与发展	美国国家科学基金会(NSF)，地球科学，经费资助，研究焦点	2008-12-15	安培浚	
基于非相关文献的知识发现原理研究	安新颖，冷伏海	情报学报	知识发现，文本数据挖掘，知识抽取，非相关文献，共现	2006-02-24	安新颖	
面向 Ontology 适应性的知识发现模型研究	安新颖，吴清强	情报资料工作	本体，知识发现，适应性，Ontology，模型	2006-11-25	安新颖	

续表

题名	作者	文献来源	关键词	发表时间	第一责任人	…
新一代互动式知识搜索虚拟参考咨询系统发展特征及趋势分析	白崇远	图书馆建设	搜索引擎，知识互动，特征，趋势，分析	2007-12-15	白崇远	
科研个性化信息环境初探	白光祖，吕俊生，吴新年	情报科学	数字化科研环境，个性化信息环境，要素解析	2009-04-15	白光祖	
《中国图书资料分类法》的历史、特点、问题和展望	白国应	图书情报工作	中国图书资料分类法，历史，特点，问题，展望	2002-05-18	白国应	
关于半导体技术文献分类的研究	白国应	津图学刊	半导体技术文献，文献分类，分类标准，分类体系，分类方法	2004-08-15	白国应	
关于大气科学文献分类的研究(上)	白国应	高校图书馆工作	大气科学文献，文献分类，分类标准，分类体系，分类方法	2003-04-25	白国应	
关于大气科学文献分类的研究(下)	白国应	高校图书馆工作	大气科学文献，文献分类，分类标准，分类体系，分类方法	2003-06-25	白国应	
⋮	⋮	⋮	⋮	⋮	⋮	⋮

上面的论文数据表可通过数据处理转换为下述四个数据表(表 4-2～表 4-5)。

表 4-2　共现关联强度分析的多重共现数据表范例(作者-发表期刊-关键词)

作者(第一责任人)	发表期刊	关键词	共现频次
白国应	晋图学刊	分类方法	8
白国应	晋图学刊	分类体系	8
白国应	晋图学刊	分类标准	8
白国应	晋图学刊	文献分类	8
白国应	江西图书馆学刊	文献分类学家	8
白国应	江西图书馆学刊	回忆录	8
白国应	图书馆工作与研究	分类方法	7

续表

作者(第一责任人)	发表期刊	关键词	共现频次
白国应	山东图书馆季刊	文献分类法	7
梁慧刚	新材料产业	纳米材料	6
白国应	图书馆工作与研究	分类标准	6
白国应	图书馆界	文献情报工作	6
白国应	江西图书馆学刊	分类方法	6
白国应	图书馆工作与研究	文献分类	6
白国应	图书馆工作与研究	分类体系	6
白国应	江西图书馆学刊	文献分类	6
白国应	图书馆界	中国科学院	6
张晓林	中国图书馆学报	数字图书馆	5
张晓林	图书情报工作	数字图书馆	5
吴振新	现代图书情报技术	长期保存	5
⋮	⋮	⋮	⋮

表 4-3　共现关联强度分析的多重共现数据表范例(作者-发表期刊)

作者(第一责任人)	发表期刊	共现频次
白国应	江西图书馆学刊	15
吴振新	现代图书情报技术	15
张晓林	图书情报工作	14
白国应	图书馆界	12
金碧辉	科学观察	9
张智雄	现代图书情报技术	9
李春旺	现代图书情报技术	9
⋮	⋮	⋮

表 4-4　共现关联强度分析的多重共现数据表范例(作者-关键词)

作者(第一责任人)	关键词	共现频次
白国应	文献分类	42
白国应	分类体系	40
白国应	分类标准	40
白国应	分类方法	40
张晓林	数字图书馆	14
文榕生	文献编目	13
文榕生	文献著录	8
⋮	⋮	⋮

表 4-5　共现关联强度分析的多重共现数据表范例(发表期刊-关键词)

发表期刊	关键词	共现频次
图书情报工作	数字图书馆	28
图书情报工作	图书馆	24
现代图书情报技术	数字图书馆	22
现代图书情报技术	信息检索	13
图书情报工作	知识管理	12
图书馆理论与实践	数字图书馆	11
图书馆理论与实践	图书馆	11
⋮	⋮	⋮

3. 分析模型与分析样例

基于以上共现关联强度数据模型的设定，可进一步应用于多重共现的特征项共现关联强度的分析，具体分析模型如图 4-5 所示。

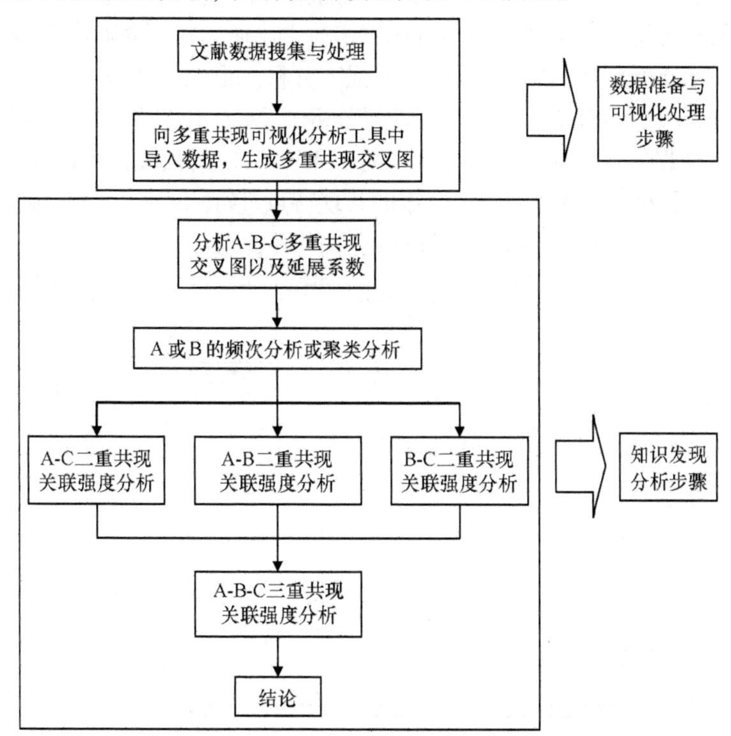

图 4-5　多重共现的特征项共现关联强度知识发现方法的分析模型

A 代表 y 轴上的特征项, B 代表 x 轴上的特征项, C 代表交叉点上的特征项

基于以上数据模型和分析模型，研究人员可以把搜集到的数据导入多重共现知识发现可视化分析工具中以生成实例进行分析。例如，在搜集某一机构所发表论文的数据后，可通过分析作者-发表期刊-关键词、年份-发表期刊-作者这两个多重共现关系的共现关联强度交叉图，从中挖掘出研究机构中研究主题(关键词)在年份、发表期刊、作者之间的分布情况、相关程度及发展趋势等。

首先对需要分析内容的文献数据进行搜集，然后把搜集到的样本数据导入多重共现知识发现可视化分析工具中生成多重共现交叉图(分析样例如图 4-6 所示)。在分析多重共现交叉图时，可以根据分析需求分为六个方面的分析内容供用户自主选择或组合进行知识发现的分析：①A 或 B 的出现频次数据或聚类数据的分析，根据图 4-6 中Ⅱ和Ⅲ区域中圆圈大小所示在Ⅰ区域中可对 A 或 B 特征项出现的总频次进行排序，此外 x 轴或 y 轴上特征项可以根据其与任一特征项的共现或自己设置一定的聚类方法进行聚类，并以前面标识的数字显示出分类后的结果；②A-C 二重共现关联强度的分析(如图 4-6 中Ⅱ区域字体大小所示)，可对 A-C 共现的频次、特点等进行分析；③B-C 二重共现关联强度分析(如图 4-6 中Ⅲ区域字体大小所示)，可对 B-C 共现的频次、特点等进行分析；④A-B 二重共现关联强度分析(如图 4-6 中Ⅳ区域圆圈大小所示)，可对 A-B 共现的频次、特点等进行分析；⑤A-B-C 三重共现关联强度分析(如图 4-6 中Ⅳ区域字体大小所示)，可对 A-B-C 共现的频次、特点等进行分析；⑥整体结论分析，可对以上四个区域的共现特点进行总体性的分析或概括。

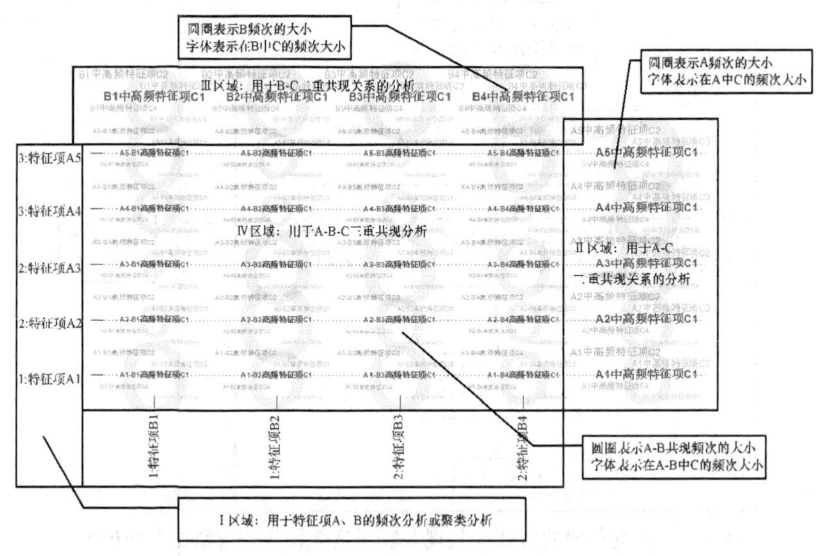

图 4-6　多重共现的特征项共现关联强度交叉图

4.2.2　被引关联强度的分析方法设计

1. 分析意义

被引频次是文献计量学中用来测度学术论文社会显示度和学术影响力的重要指标。被引频次评价是指用学术论文发表以后被引用的次数来评价以学术论文形态表征的研究成果，是评价与学术论文有关的期刊、学科(专业)、国家(地区)、单位(个人)的一种方法。被引频次评价是由美国科学信息研究所倡导的、国际上广泛公认的、以学术论文为载体的研究成果评价体系。目前，被引频次评价似乎已经成为评价期刊学术论文质量和学科(专业)、国家(地区)、单位(个人)学术水平的唯一方法。虽然被引频次评价不是万能的，它有一定的适用范围，但也不失为一种评价学术质量的方式[80]。

目前，国际上在判断一篇学术论文的价值时，通常用该学术论文发表以后的被引频次来辅助评价。学术论文的被引用次数越多，说明该学术论文在同行中引起的反响越大，受同行关注的程度越高。也就是说，被引频次评价是评价与学术论文有关的期刊、学科(专业)、国家(地区)、单位(个人)的一种暂时无法替代的有效方法。被引频次评价是通过数据库来实现的，而用于被引频次评价的数据库选刊都是按尤金 · 加菲尔德(Eugene Garfield)的浓缩理论进行的。Garfield 引用了著名的“80/20 规则”，认为精选 20%有代表性的刊物，可以有 80%的有用信息量。只要选刊正确，可以做到以部分代全体[81]。因此，被引频次评价适应于基础研究成果。不仅如此，实践证明，被引频次评价还适用于同类期刊和学科(专业)以及同一学科(专业)内的国家(地区)、单位(个人)学术研究评价。

本书多重共现的被引关联强度分析方法可以发现某研究论文集合中特征项的被引关联状况，并揭示出哪类特征项(或特征项的组合)被关注的程度高及其之间的被引关联关系。例如，通过分析某机构发表论文集合中的作者-关键词-发表期刊的被引关联关系，可以挖掘出该机构被关注的主要研究人员及其具体研究领域和发表期刊；又如，通过分析作者-关键词-引证作者的被引关联关系，可以挖掘出该机构中被重点关注的研究人员及其研究领域，以及关注这类信息的研究人员群体。被引关联强度越高，说明这类特征项(或特征项的组合)是被引用和被关注的重点对象(如研究领域、研究学者、研究机构等)。

2. 数据模型

在被引关联强度中，要对多个特征项的被引关联强度进行分析，需把论文被引数据向多特征项被引关联数据转换，使论文被引数据转换成可用于被引关联强度分析的数据模型形式，如 $R(x_1, x_2, value)$、$R(x_1, x_3, value)$、$R(x_2, x_3, value)$、$R(x_1, x_2, x_3, value)$（x_1、x_2、x_3代表特征项，value代表被引频次，如图 4-7 所示），以进一步生成多重共现被引交叉图。

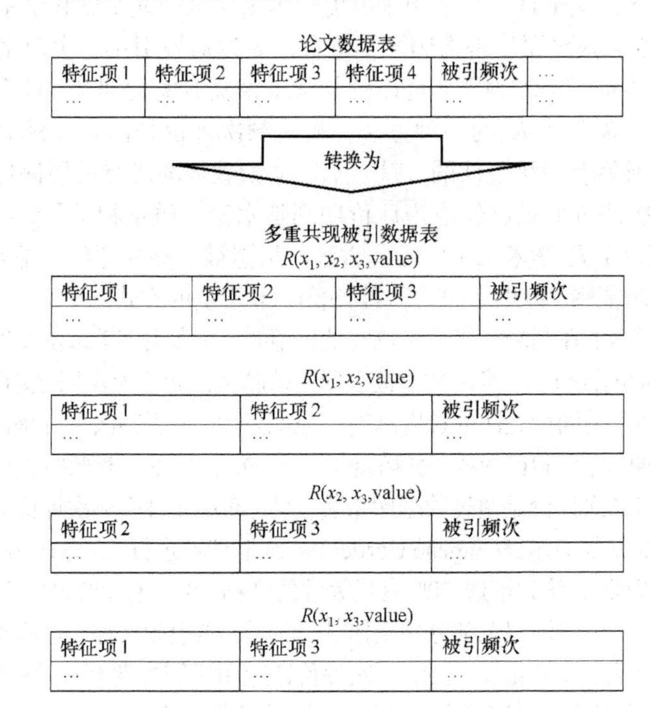

图 4-7　论文数据向多特征项被引关联数据的转换

具体数据模型的转换如表 4-6～表 4-10 所示。

表 4-6　被引关联强度分析的论文数据表范例

题名	作者	文献来源	关键词	发表时间	第一责任人	被引频次	…
国外遥感卫星地面站分布及运行特点	安培浚，王雪梅，张志强，高峰	遥感技术与应用	遥感，地面站，卫星，分布，运行	2008-12-15	安培浚	1	
NSF 地球科学部(GEO)2009 财年资助情况分析与近期资助焦点	安培浚，张志强	世界科技研究与发展	美国国家科学基金会(NSF)，地球科学，经费资助，研究焦点	2008-12-15	安培浚	1	

续表

题名	作者	文献来源	关键词	发表时间	第一责任人	被引频次	…
基于非相关文献的知识发现原理研究	安新颖，冷伏海	情报学报	知识发现，文本数据挖掘，知识抽取，非相关文献，共现	2006-02-24	安新颖	31	
面向Ontology适应性的知识发现模型研究	安新颖，吴清强	情报资料工作	本体，知识发现，适应性，Ontology，模型	2006-11-25	安新颖	0	
新一代互动式知识搜索虚拟参考咨询系统发展特征及趋势分析	白崇远	图书馆建设	搜索引擎，知识互动，特征，趋势，分析	2007-12-15	白崇远	7	
科研个性化信息环境初探	白光祖，吕俊生，吴新年	情报科学	数字化科研环境，个性化信息环境，要素解析	2009-04-15	白光祖	2	
《中国图书资料分类法》的历史、特点、问题和展望	白国应	图书情报工作	中国图书资料分类法，历史，特点，问题，展望	2002-05-18	白国应	2	
关于半导体技术文献分类的研究	白国应	津图学刊	半导体技术文献，文献分类，分类标准，分类体系，分类方法	2004-08-15	白国应	0	
关于大气科学文献分类的研究(上)	白国应	高校图书馆工作	大气科学文献，文献分类，分类标准，分类体系，分类方法	2003-04-25	白国应	2	
关于大气科学文献分类的研究(下)	白国应	高校图书馆工作	大气科学文献，文献分类，分类标准，分类体系，分类方法	2003-06-25	白国应	0	
⋮	⋮	⋮	⋮	⋮	⋮	⋮	

上面的论文数据表可通过数据处理转换为下述四个数据表(表 4-7～表 4-10)。

表 4-7　被引关联强度分析的多重共现数据表范例(作者-发表期刊-关键词)

作者(第一责任人)	发表期刊	关键词	被引频次
张志强	地球科学进展	统计分析	211
张志强	地球科学进展	受偿意愿(WTA)	211

续表

作者(第一责任人)	发表期刊	关键词	被引频次
张志强	地球科学进展	支付意愿(WTP)	211
张志强	地球科学进展	条件价值评估法(CVM)	211
张志强	地球科学进展	非市场价值	211
张志强	地球科学进展	价值评估技术	211
张志强	地球科学进展	环境物品或服务	211
张晓林	中国图书馆学报	数字图书馆	183
张晓林	大学图书馆学报	国家科学数字图书馆	141
张晓林	大学图书馆学报	开放描述	141
张晓林	大学图书馆学报	设计规范	141
张晓林	大学图书馆学报	学科信息导航	141
张晓林	大学图书馆学报	学科信息门户	141
初景利	中国图书馆学报	信息服务	133
初景利	中国图书馆学报	虚拟参考服务	133
李景	计算机与农业.综合版	分类等级体系	133
李景	计算机与农业.综合版	Ontology 开发方法	133
李景	计算机与农业.综合版	领域本体	133
⋮	⋮	⋮	⋮

表 4-8　被引关联强度分析的多重共现数据表范例(作者-发表期刊)

作者(第一责任人)	发表期刊	被引频次
张晓林	图书情报工作	277
初景利	图书情报工作	253
张志强	地球科学进展	249
张晓林	中国图书馆学报	219
吴振新	现代图书情报技术	196
李春旺	中国图书馆学报	173
张晓林	大学图书馆学报	163
⋮	⋮	⋮

表 4-9　被引关联强度分析的多重共现数据表范例(作者-关键词)

作者(第一责任人)	关键词	被引频次
张晓林	数字图书馆	361
李春旺	学科馆员	302
初景利	学科馆员	229
张晓林	开放描述	225
张晓林	国家科学数字图书馆	214
张志强	价值评估技术	211
张志强	环境物品或服务	211
⋮	⋮	⋮

表 4-10　被引关联强度分析的多重共现数据表范例(发表期刊-关键词)

发表期刊	关键词	被引频次
图书情报工作	数字图书馆	409
图书情报工作	图书馆	375
中国图书馆学报	数字图书馆	296
图书情报工作	学科馆员	253
现代图书情报技术	数字图书馆	243
地球科学进展	非市场价值	211
地球科学进展	环境物品或服务	211
⋮	⋮	⋮

3. 分析模型与分析样例

基于以上被引关联强度数据模型的设定，可进一步应用于多重共现的特征项被引关联强度的分析，具体分析模型如图 4-8 所示。

基于以上数据模型和分析模型，研究人员可以把搜集到的数据导入多重共现知识发现可视化分析工具中以生成实例进行分析。例如，在搜集某一机构所发表论文的被引数据后，可通过分析作者-发表期刊-关键词、年份-发表期刊-作者这两个多重共现的被引关联强度关系，从中挖掘出机构的研究主题(关键词)在发文年份、发表期刊、作者当中被关注的情况与被引趋势，并发现机构中被引频次较高的年份、作者和发表期刊及其之间的分布情况和变化趋势等。

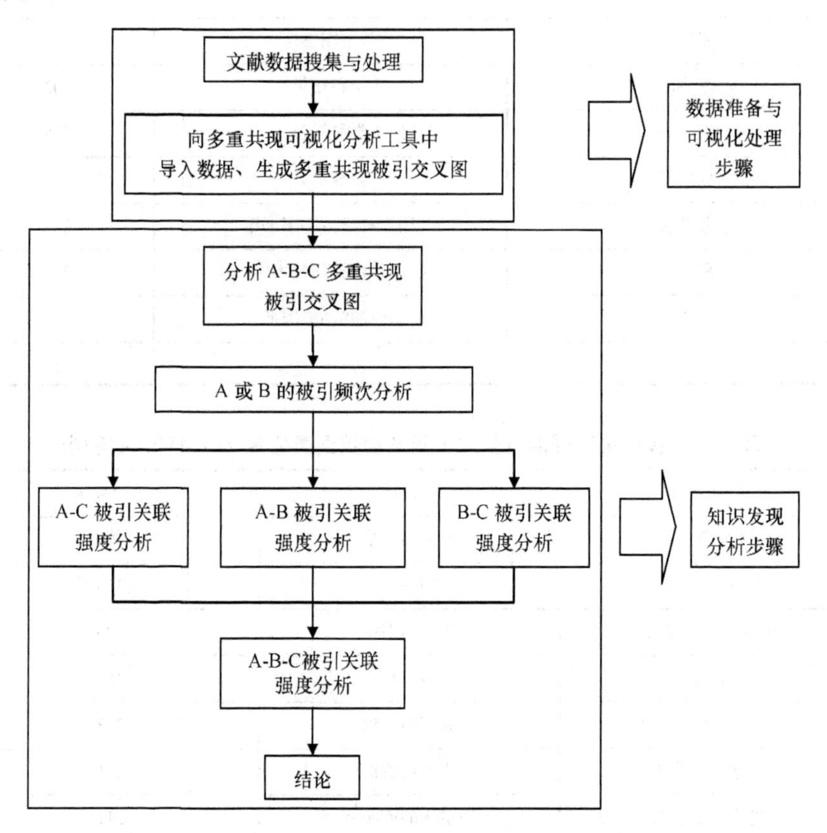

图 4-8　多重共现的特征项被引关联强度知识发现方法的分析模型
A 代表 y 轴上的特征项, B 代表 x 轴上的特征项, C 代表交叉点上的特征项

首先对需要分析内容的文献数据进行搜集，然后把搜集到的样本数据导入多重共现知识发现可视化分析工具中生成多重共现被引交叉图。在分析多重共现被引交叉图时，可以根据分析需求分为六个方面的分析内容供用户自主选择或组合进行知识发现的分析(分析样例如图 4-9 所示)：①A 或 B 的被引频次数据分析，根据图 4-9 中Ⅱ和Ⅲ区域中圆圈大小所示在Ⅰ区域中可对 A 或 B 特征项被引的总频次进行排序；②A-C 被引关联强度的分析(如图 4-9 中Ⅱ区域字体大小所示)，可对 A-C 被引的频次、特点等进行分析；③B-C 被引关联强度分析(如图 4-9 中Ⅲ区域字体大小所示)，可对 B-C 被引的频次、特点等进行分析；④A-B 被引关联强度的分析(如图 4-9 中Ⅳ区域圆圈大小所示)，

可对 A-B 被引的频次、特点等进行分析；⑤A-B-C 被引关联强度分析(如图 4-9 中Ⅳ区域字体大小所示)，可对 A-B-C 被引的频次、特点等进行分析；⑥整体结论分析，可对以上四个区域的被引特点进行总体性的分析或概括。

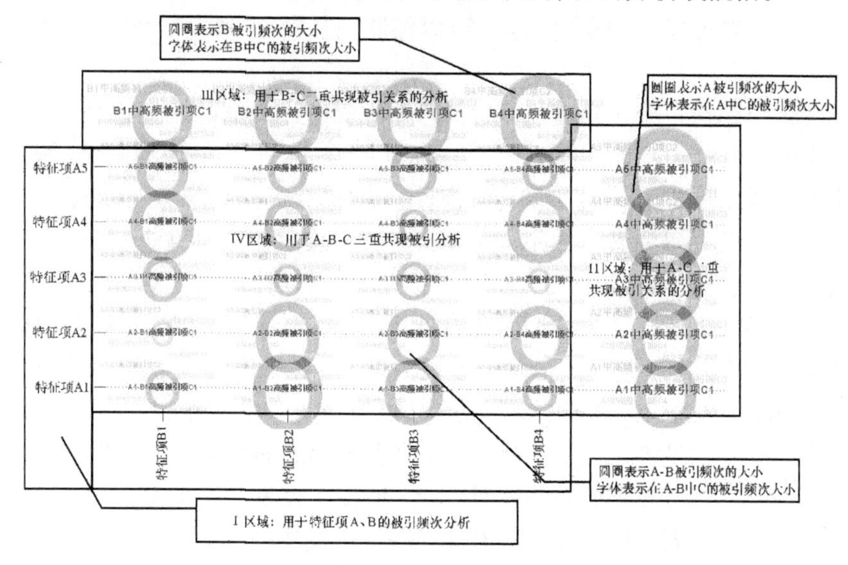

图 4-9　多重共现的特征项被引关联强度交叉图

4.2.3　共现突发强度的分析方法设计

1. 分析意义

以文本为载体的知识内容，在演化生命周期中通常都有自身的演化规律。通过分析演化规律，发现文档流中的热点内容[82-85]和趋势走向[86,87]是近年来文本挖掘领域的一个重要研究方向。目前，有研究者从不同的分析思路进行了该问题的研究，已经取得了多个系列的研究成果，如热点主题发现、新兴研究趋势发现、文档聚类、词聚类、话题探测与跟踪等。

正如人们所知，事物的发生与发展均有一个从量变到质变的过程，正确认识事物的本质、事物发生发展的基础和成因、事物的发生分布规律是预测事物发展走势的重要基础。论文文档流中也存在着同样的现象，通常承载着有意义内容的文档流都隐含着特征项的出现、生长、流行、爆发、消退等活动规律[88]。文档流是文本挖掘中的一种重要分析对象，其表现为文档按照时间发展顺序连续不断地到达，文档可以按照时间进行标注。常见的文档流有科学文献、网络新闻、Email、Blog 和新闻组，例如，“Web2.0”作为一个研究主题在 2004 年末开始，在 2005 年中研究热度不断升温，直至 2006 年、2007 年达到高峰，然后开始平稳下滑。观察科学文献或新闻文档流中关键词“Web2.0”的发展规律和变化因素，可以探测到其在 2006 年、2007 年成为突发词。

从传统的情报分析角度，一些研究者主要通过文献的相关特征，如主题词、作者、机构、资助、出版物、期刊等，描绘一个知识领域的概况，跟踪研究主题的涌现和演化，识别密集的科研成果和新兴的研究趋势。此外，不同的思路来源导致了研究者采取不同的研究路线，然而在技术方法层面上，有些研究者提出的方法已经得到了广泛的认可，典型的是 Cornell 大学的 Kleinberg[89]提出的一种突发词监测自动机模型，他认为可以通过观测时间窗内文档到达率大于平均水平的词来发现突发词。Kleinberg 算法的理论已经在 Email、BBS、Blog、新闻组、科学文献中得到验证。但洪娜[88]认为，Kleinberg 算法主要解决的是突发词监测问题，用来发现回溯的数据中的突发词和突发时段，虽然该算法关注了词的相对变化，捕捉了突发状态的词，可以一定程度上反映词的发展态势，但是由于该算法重点关注的是词的状态变化，忽略了词的频次和规模，实践证明其捕捉低频突发词的效果更好。

从动态论文文档流中探测出突发的特征项对识别密集的内容、活跃的特征项以及预测文本内容的发展走势具有重要的意义。因此，多重共现突发强度分析的目标是：从多种角度提取特征项的突发特征，并研究探索合理有效的技术方法对特征项的突发特征进行动态分析和深度挖掘，发现多种特征项突发中所隐含的知识内容。例如，对突发词进行动态监测的方法能够通过对词语进行突发分析找出学科领域中的新兴趋势和热点主题，而根据突发权重对突发词进行突发程度排序能够识别显著的突发主题，并揭示突发状态，确定状态的持续时间，对突发词的发展分析具有一定的意义。

本书多重共现突发强度的分析方法是通过对多个特征项共现突发权值的分析，来揭示其变化状况及突发的热点内容。共现突发强度越大，说明特征项在某时间段内的突发和活跃程度越高。例如，通过分析某研究机构发表论文中作者-关键词-发表期刊的共现突发强度，可以发现该研究机构中突发和活跃程度较高的作者、研究领域、发表期刊以及三者之间共现的活跃内容。

2. 数据模型

在共现突发强度中，要对多个特征项的共现突发强度进行分析，需把论文数据向多特征项共现突发数据进行转换，通过数据转换处理和数据突发计算，使论文数据转换成为可用于共现突发强度分析的数据模型形式，如 $R(x_1, x_2, \cdots, \text{year}, \text{value})$（$x_1$、$x_2$、…代表特征项，year 代表年份，value 代表突发强度，如图 4-10 所示），以进一步生成多重共现突发强度交叉图。

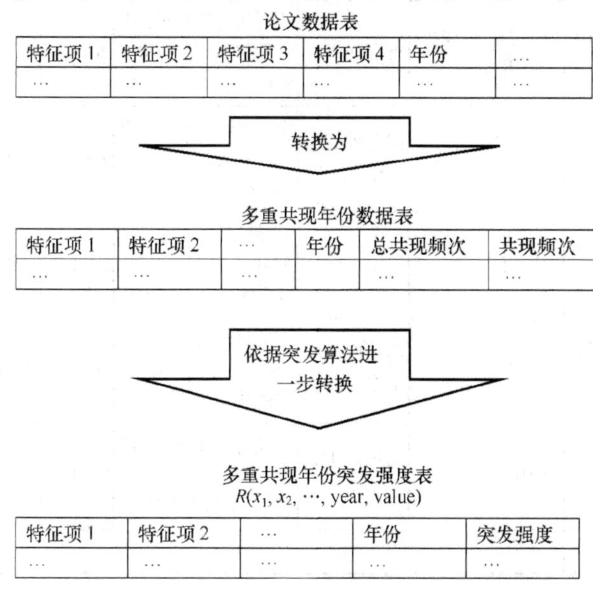

图 4-10　论文数据向多特征项共现突发数据的转换

具体数据模型的转换如表 4-11～表 4-13 所示。

表 4-11　共现突发强度分析的论文数据表范例

题名	作者	文献来源	关键词	年份	第一责任人	…
国外遥感卫星地面站分布及运行特点	安培浚，王雪梅，张志强，高峰	遥感技术与应用	遥感，地面站，卫星，分布，运行	2008	安培浚	
NSF 地球科学部(GEO) 2009 财年资助情况分析与近期资助焦点	安培浚，张志强，	世界科技研究与发展	美国国家科学基金会(NSF)，地球科学，经费资助，研究焦点	2008	安培浚	
基于非相关文献的知识发现原理研究	安新颖，冷伏海	情报学报	知识发现，文本数据挖掘，知识抽取，非相关文献，共现	2006	安新颖	

续表

题名	作者	文献来源	关键词	年份	第一责任人	…
面向 Ontology 适应性的知识发现模型研究	安新颖，吴清强	情报资料工作	本体，知识发现，适应性，Ontology，模型	2006	安新颖	
新一代互动式知识搜索虚拟参考咨询系统发展特征及趋势分析	白崇远	图书馆建设	搜索引擎，知识互动，特征，趋势，分析	2007	白崇远	
科研个性化信息环境初探	白光祖，吕俊生，吴新年	情报科学	数字化科研环境，个性化信息环境，要素解析	2009	白光祖	
《中国图书资料分类法》的历史、特点、问题和展望	白国应	图书情报工作	中国图书资料分类法，历史，特点，问题，展望	2002	白国应	
关于半导体技术文献分类的研究	白国应	津图学刊	半导体技术文献，文献分类，分类标准，分类体系，分类方法	2004	白国应	
关于大气科学文献分类的研究(上)	白国应	高校图书馆工作	大气科学文献，文献分类，分类标准，分类体系，分类方法	2003	白国应	
关于大气科学文献分类的研究(下)	白国应	高校图书馆工作	大气科学文献，文献分类，分类标准，分类体系，分类方法	2003	白国应	
⋮	⋮	⋮	⋮	⋮	⋮	⋮

上面的论文数据表可通过数据处理转换为如下所示的多重共现年份数据表(表 4-12)和多重共现年份突发强度数据表(表 4-13)。

表 4-12　多重共现年份数据表范例(作者-发表期刊)

作者(第一责任人)	发表期刊	年份	总共现频次	共现频次
吴振新	现代图书情报技术	2006	15	3
白国应	江西图书馆学刊	2006	15	1
白国应	图书馆界	2006	12	1
张智雄	现代图书情报技术	2006	9	3
李春旺	现代图书情报技术	2006	9	2
金碧辉	科学观察	2006	9	4
⋮	⋮	⋮	⋮	⋮

表 4-13　多重共现年份突发强度数据表范例(作者-发表期刊)

作者(第一责任人)	发表期刊	年份	突发强度
吴振新	现代图书情报技术	2006	3.6665
白国应	江西图书馆学刊	2006	0.2980
白国应	图书馆界	2006	0.09207
张智雄	现代图书情报技术	2006	13.6423
李春旺	现代图书情报技术	2006	2.2812
金碧辉	科学观察	2006	40.8817
⋮	⋮	⋮	⋮

3. 分析模型与分析样例

基于以上共现突发强度数据模型的设定，可进一步应用于多重共现的特征项共现突发强度的分析，具体分析模型如图 4-11 所示。

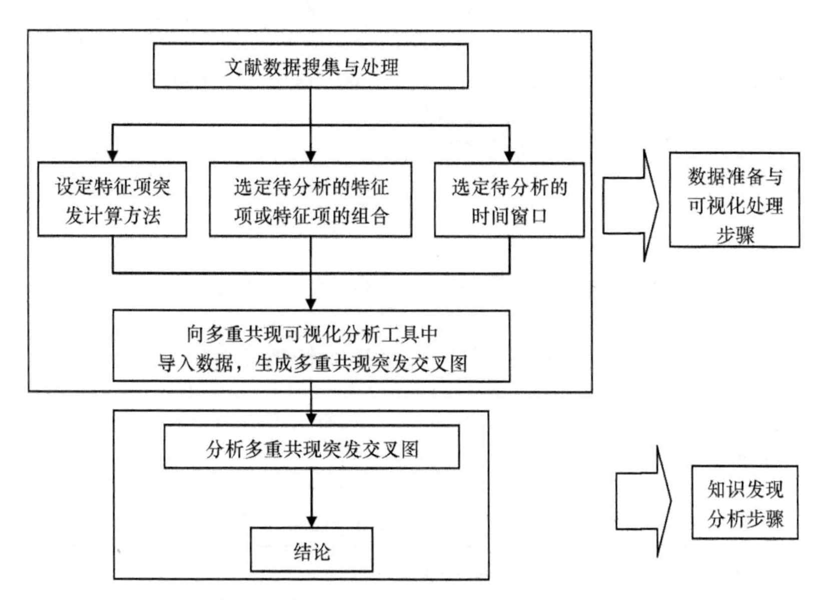

图 4-11　多重共现的特征项共现突发强度知识发现方法的分析模型

基于以上数据模型和分析模型，研究人员可以把搜集到的数据导入多重共现知识发现可视化分析工具中以生成实例进行分析。例如，在搜集某一机构所发表论文的数据后，可通过分析机构发表论文中不同特征项(及其组合)的多重共现突发强度交叉图，从中挖掘出机构的作者、关键词、发表期刊等特征项(及其组合)在每年间的突发分布情况和变化趋势等。

首先对需要分析内容的文献数据进行搜集，然后设定特征项突发计算方法，并选定待分析的特征项或特征项的组合、时间窗口。然后把搜集到的样本数据导入多重共现知识发现可视化分析工具中，依据所设定的条件生成多重共现突发强度交叉图。最后可对多重共现突发强度交叉图进行知识发现的分析。如图 4-12 所示的分析样例，横坐标(x 轴)是时间窗口，纵坐标(y 轴)是特征项或特征项组合的标识，横纵坐标交界处显示的是在某时间内特征项(或其组合)的突发程度，特征项(或其组合)在某年内的突发值越大，其对应的字体越大、颜色越深。

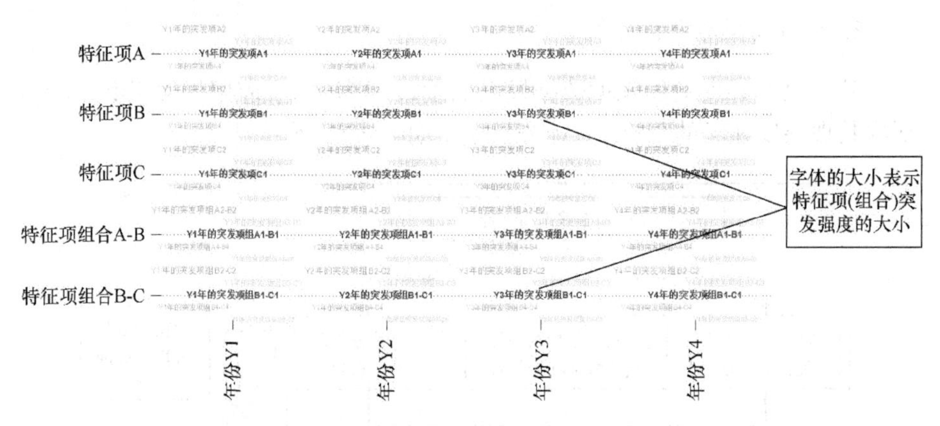

图 4-12 多重共现的特征项共现突发强度交叉图

4.2.4 多重共现的知识发现方法与一般共现分析效果对比

从以上设计的多重共现知识发现方法来看，该方法相对于一般的一重、二重共现的分析，具有以下优势(表 4-14)。

表 4-14 多重共现知识发现方法与一般共现分析方法对比

对比项	多重共现知识发现方法	一般共现分析方法
特征项分析个数	三个或三个以上特征项的共现	单个、两个或多个特征项的共现
数据分析维度	三维以上的矩阵或多元组数据	二维矩阵数据

续表

对比项	多重共现知识发现方法	一般共现分析方法
可视化方式	多重共现交叉图可实现三个或三个以上特征项共现组合的显示方式，并自动涵盖单个和两个特征项的共现显示	一般只能显示两个特征项组合，或多对特征项组合的可视化显示
分析效率	能够基于多重共现交叉图的可视化方式来实现同时分析一重、二重、三重共现的效果，提高分析效率	需分别统计不同的一重、二重共现分析数据来实现可视化
可分析的特征项组合类型	可自主选择不同的特征项组合进行数据处理和可视化显示	需针对不同的特征项组合分别选用不同的共现分析方法和可视化方式

4.3　多重共现知识发现可视化分析工具的设计与开发

为了能有效地实现多重共现知识发现方法的分析过程，针对多重共现知识发现过程的前期步骤(数据处理和生成多重共现交叉图步骤)，本书设计和开发了一个多重共现知识发现可视化分析工具(multiple occurrence visualization tool, MOVT)，MOVT 能够对中国知网(CNKI)论文数据库中导出的论文题录数据进行处理，把论文数据转换成可用于多重共现分析的结构化数据形式，并进一步生成三重共现交叉图，以用于三重共现的知识发现分析。

表 4-15　多重共现知识发现可视化分析工具所应用的技术

技术
开发语言: C#
使用数据库: Access
绘图插件: ZedGraph

该分析工具所应用的技术如表 4-15 所示。其中，C# 是微软公司为.NET Framework 量身定做的程序开发语言，C# 拥有 C/C++的强大功能以及 Visual Basic 简易使用的特性，是第一个组件导向(component-oriented)的程序语言，和 C++ 与 Java 一样也为对象导向(object-oriented)的程序语言。Access 是微软公司推出的基于 Windows 的桌面关系数据库管理系统，是 Office 系列应用软件之一，它提供了表、查询、窗体、报表、页、宏、模块七种用来建立数据库系统的对象；提供了多种向导、生成器、模板，把数据存储、数据查询、界面设计、报表生成等操作规范化；为建立功能完善的数据库管理系统提供了方便，也使普通用户不必编写代码，

就可以完成大部分数据管理的任务。ZedGraph 是一个开源的.NET 图表类库，全部代码都是用 C#开发的，它可以利用任意的数据集合创建二维的线形和柱形图表。

4.3.1 MOVT 数据处理及可视化绘图流程

MOVT 可实现对多重共现数据处理的流程以及可视化交叉图绘图流程，如图 4-13 所示，首先通过对 CNKI 论文数据的导入，MOVT 能够把论文数据自动处理转换为 $R(x_1, x_2,\cdots,\text{value})$的形式，并存储在 Access 数据库中。$R(x_1, x_2,\cdots,\text{value})$数据形式的保存包括对单个特征项频次统计数据 $R(x_1,\text{value})$的保存、两个特征项的共现数据 $R(x_1, x_2,\text{value})$的保存，以及三个特征项共现数据 $R(x_1, x_2, x_3,\text{value})$的保存。如果需要对数据实现聚类，可从数据库中导出数据，利用外部的统计分析软件(如 SPSS 等)对数据进行聚类之后，再把聚类结果导入 MOVT 中进行分析。

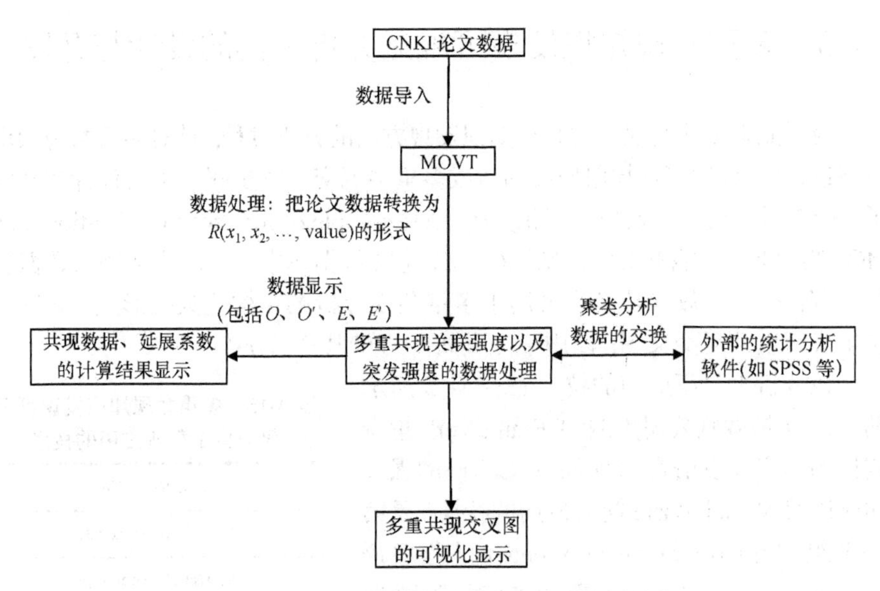

图 4-13　MOVT 实现数据处理与可视化绘图的流程

在生成多重共现交叉图时，MOVT 利用了可视化绘图插件 ZedGraph，该插件能利用任意的数据集合创建二维的线形图表，因此可以便捷地绘制出应用于三重共现分析的交叉图。通过把单个特征项频次的数据 $R(x_1,\text{value})$、两个特征项共现数据 $R(x_1, x_2, \text{value})$、三个特征项共现数据 $R(x_1, x_2, x_3,\text{value})$等结合起来，MOVT 能够实现绘制可用于三重共现分析的交叉图技术，由于四个或四个以上特征项共现要运用到三维绘图技术，目前 MOVT 还未能实现分析四重及四重以上共现的分析效果。

4.3.2　MOVT 模块构成

MOVT 共分为四个模块，各模块具体实现功能如下：

(1) 特征项数据处理模块，负责对 CNKI 的论文数据进行处理，实现导入数据的功能，并把数据转换为 $R(x_1, x_2, \cdots, \text{value})$的形式，同时也能实现转换数据的输出输入(Excel 格式)，以利用外部的统计分析软件来实现特征项的聚类。

(2) 关联强度分析模块，实现对共现关联强度以及被引关联强度的共现数据、延展系数数据的计算和显示，同时也能把单个特征项的聚类数据或频次统计数据、两个特征项共现的数据以及三个特征项共现的数据统一整合到交叉图中实现可视化。

(3) 突发强度分析模块，对共现突发强度的数据进行计算和显示，同时也能把各特征项(或其组合)的突发强度数据统一整合到交叉图中实现可视化。

(4) 交叉图可视化显示(图 4-14)，可对关联强度分析模块以及突发强度分

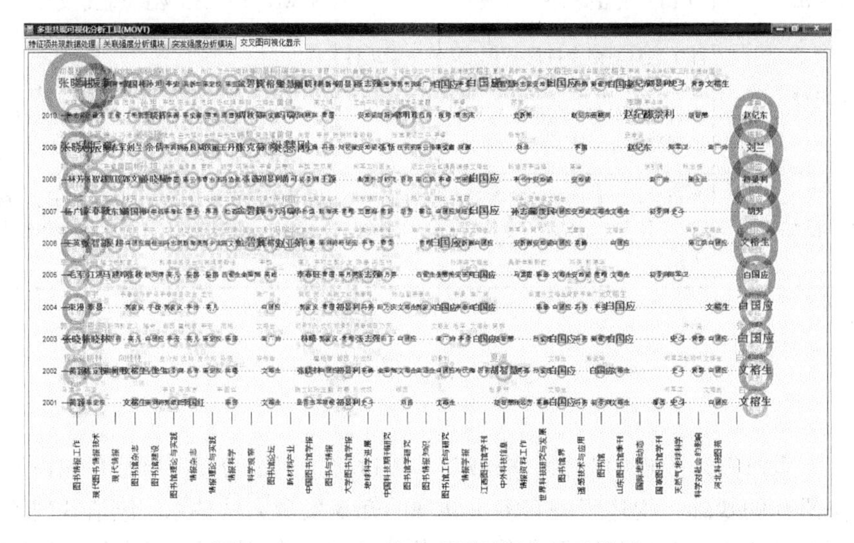

图 4-14　MOVT 的交叉图可视化显示效果

析模块中处理的共现数据进行交叉图可视化显示，并能实现交叉图的打印和输出功能。

4.3.3 MOVT 与 DIVA 对比

本书设计开发的多重共现知识发现可视化分析工具与 Morris 的 DIVA 软件相比，在软件平台的构建、可处理的数据来源、数据处理方式以及可视化效果上各有特色(表 4-16)，但由于 MOVT 能够处理三个特征项的共现数据并进行交叉图的可视化显示，与 Morris 开发的 DIVA 软件只能针对两个特征项共现分析相比，MOVT除了能实现DIVA软件中对两个特征项共现的可视化分析功能，还能从更深的层次来揭示出三个特征项之间的关联关系，可实现一重、二重、三重共现同时可视化分析的效果，因此其可应用的共现分析范围更广、效率更高、分析内容更为深入。

表 4-16　交叉图可视化工具的对比(MOVT 与 DIVA)

对比项	MOVT	DIVA
软件平台	基于 C#语言与 Access 数据库，利用 ZedGraph 插件进行可视化，完全自主开发，可独立安装运行	基于 Visual Basic 语言与 Access 数据库，利用 MATLAB 进行矩阵数据处理和绘图展示，必须安装 MATLAB 软件包
数据来源	CNKI 中文数据库的论文数据	ISI Web of Science 数据库的论文数据
数据处理	除了能针对两个特征项共现矩阵数据进行处理，还能针对三个特征项共现矩阵数据进行分析处理，在聚类运算时要利用外部的聚类分析工具	只能针对两个特征项共现矩阵数据进行分析处理，并可进行聚类数据运算处理
可视化效果	彩色显示，通过彩色圆圈和文字的颜色深浅、字体大小来显示三个特征项之间的关联关系	利用红色或黑色作为主色调，通过颜色的深浅、圆圈的大小来显示两个特征项之间的关联关系

4.4 小　　结

本章对知识发现的概念、模型及一般过程进行了分析，同时在知识发现方法研究的基础上构建了一套多重共现的知识发现方法体系，包括共现关联强度的分析方法、被引关联强度的分析方法以及共现突发强度的分析方法；并依据多重共现中各种知识发现分析方法的不同特点设计了相应的数据模型、分析模型和分析样例。此外，自主设计开发了一个多重共现知识发现可视化分析工具(MOVT)，用于三重共现知识发现分析流程中前期的数据处理和三重共现交叉图的绘制。基于多重共现知识发现可视化分析工具的多重共现知识发现方法，能够同时实现一重、二重、三重共现的可视化分析效果，在一定程度上拓展了共现分析的范围，提高了共现分析的效率，并可揭示出更为深入的知识内容。

第 5 章　三重共现知识发现方法的实证研究

实证研究方法是通过对研究对象进行大量观察、实验和调查，获取客观材料和数据，从个别到一般，归纳出事物本质属性和发展规律的研究方法。本章通过对多重共现知识发现方法的实证研究，验证该方法在分析过程中是否能从多个角度有效地揭示出多特征项之间共现的知识，并揭示出该方法体系可应用的领域。同时由于在涉及三个以上特征项共现时，其共现的频次大多较低，数据离散程度较高，并不利于关联强度和突发强度的知识揭示。因此，在本章的多重共现知识发现方法的实证研究中，主要将基于三个特征项的共现(三重共现)作为实证分析的案例。

本章首先对共现关联强度的知识发现方法进行实证研究，分别从研究领域、研究机构、机构间的对比、研究学者四个方面的案例进行实证分析。然后对被引关联强度的知识发现方法进行实证研究，选取中国科学院文献情报中心(国科图)所发表论文的被引数据作为研究机构的样本进行实证分析。最后对共现突发强度的知识发现方法进行实证研究，同样也选取国科图的发文数据作为研究机构的样本进行实证分析。在实证分析中，通过对该分析方法体系中多个方法的联立分析，综合考察本书多重共现的知识发现方法体系的分析效果。

在实证分析的过程中，主要通过定量分析和定性分析两个方面进行，即除了可以从三重共现交叉图中以及共现数据、延展系数等数据的计算揭示出多特征项共现的定量知识，还可以与分析人员的定性分析相结合，揭示出一些定量分析之外的定性分析知识。

5.1　共现关联强度的实证分析

5.1.1　研究领域的分析一

Porter 认为：对研究领域的理解应综合考虑研究主题、研究手段、交流网络(学者共同体)等要素，同时研究领域具有层次性，例如，研究领域可以是

“某一特定研究机构针对某一问题的密切相关的研究工作的集合”，也可以是“面向相关问题的彼此之间存在密切交互的研究机构共同体”；对于实际的分析，其关键在于选择相应的领域划分标准，而不是寻求对领域的精确界定[90]。刘志辉等认为，对研究领域进行描述的目的就是要揭示研究领域的社会结构、基础知识、研究主题、元素间的相互关系以及研究领域的变化[91]。本书主要分析研究领域的主题变化，以三重共现的视觉来设计研究领域主题发展趋势的分析模型与可视化方式。

由于关键词是从学术论文中选择出来表示论文主题的未规范的自然语言[92]，一个学术研究领域较长时域内的大量学术研究成果的关键词的集合，可以揭示研究成果的总体内容特征、研究内容之间的内在联系、学术研究的发展脉络与发展方向等[93]。但是，单纯从关键词出现的频次来判断其表达的主题就是该学科的研究热点有很大的局限性，还必须通过其他方法和角度来进一步完善其筛选过程[94]。因此，本样例研究主要通过分析期刊论文中的关键词与年份及其他特征项共现的变化情况，来揭示某研究领域的主题发展趋势。

1. 分析模型

为了能更好地揭示研究领域的主题发展趋势，本书采用三重共现视觉的分析方法，通过分析年份-关键词-特征项(如期刊、单位、作者等)三个特征项之间的三重共现关系，来揭示某研究领域的主题发展趋势。图 5-1 是基于年份-关键词-特征项三重共现关系的某研究领域主题发展趋势分析模型。

该分析模型主要通过分析年份-关键词-特征项的共现关系挖掘它们之间存在的关联信息，进而揭示出某研究领域的主题发展趋势。例如，在分析年份-关键词-发表期刊这三个特征项的共现关系中，如果从年份的视点出发，可以挖掘出每年在各期刊上所刊载的不同主题趋势的论文；从发表期刊的视角出发，可以揭示出其每年所刊载论文的主题变化趋势，以及不同期刊间所刊载论文主题间的差异；而从关键词的角度出发，可以找出每年的高频关键词，各期刊所偏重的主题方向等。

年份-关键词-特征项的三重共现交叉图示例如图 5-2 所示，如果把特征项看成发表期刊，则图 5-2 中间区域圆圈所示代表年份-发表期刊的共现频次大小(相当于某年在某期刊上发文量的多少)，发文越多，圆圈越大。高频关键词区域则可显示某年在某期刊上发表论文所使用的高频关键词状况，按照其所使

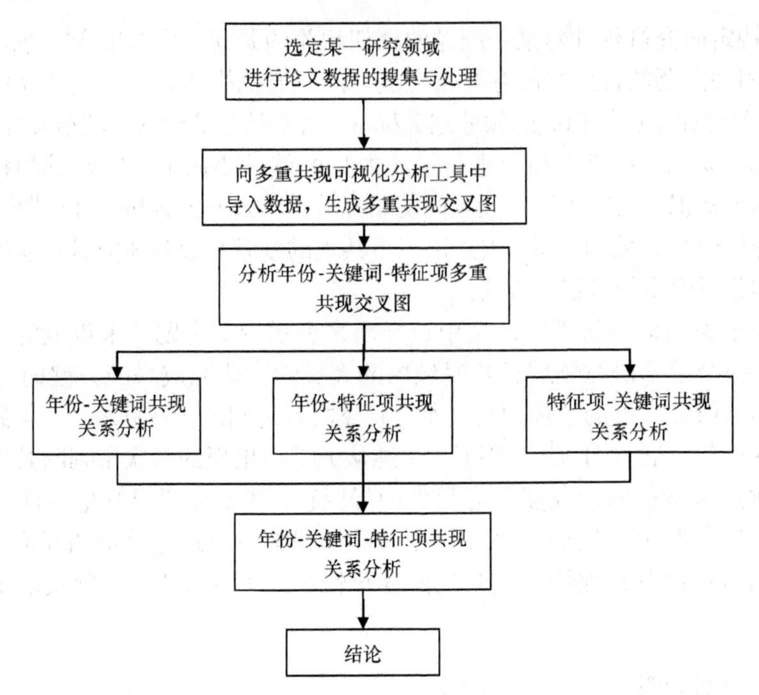

图 5-1　三重共现关联强度的分析模型(研究领域分析)

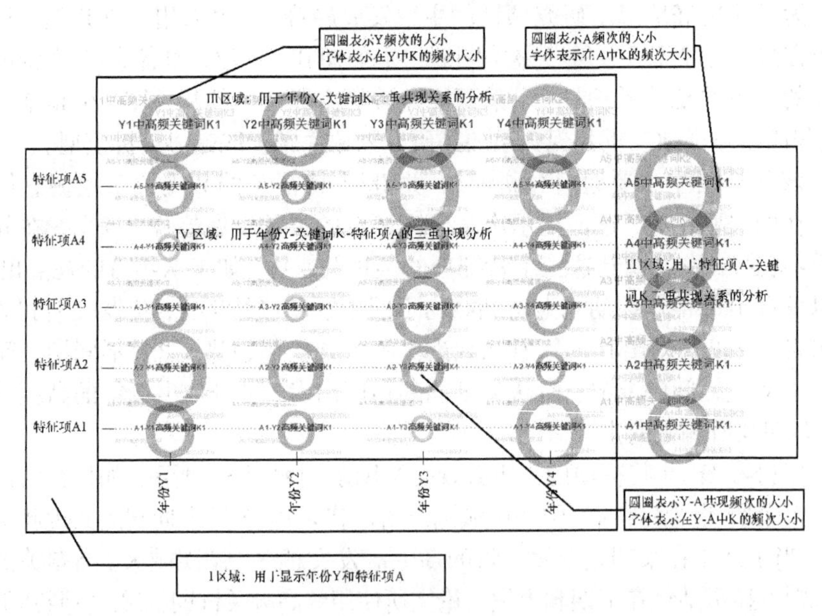

图 5-2　年份-关键词-特征项的三重共现交叉图示例(研究领域分析)

用的关键词频次高低，标以不同的颜色深浅和字号大小作为区别，关键词频次越高，其标识的颜色越深并且字号也越大。

2. 数据来源

为了能有效说明研究领域的主题发展趋势分析模型与可视化方式的分析与应用效果，以下将选取“竞争情报”研究领域进行实证分析。由于发文量较多的机构是该领域研究的佼佼者，载文量较多的期刊也是该领域发文的重要场所，它们都能较好地揭示出研究领域的发展趋势，因此在特征项的选取上，选定了机构和发表期刊这两个特征项，实证研究将从年份-关键词-机构、年份-关键词-发表期刊这两个三重共现关系的视觉上分析竞争情报研究领域的发展趋势。

实证研究的数据来自 CNKI 的中国学术期刊网络出版总库数据库，检索主题词为“竞争情报”，论文发表年份限定为 2001～2010 年，共检索出 3269 条记录(检索日期为 2011 年 8 月 15 日)，通过数据清理(剔除新闻报道类、征稿类等文章)后剩余 2950 篇关于竞争情报研究领域的论文，以下研究领域的主题发展趋势分析将基于该 2950 篇论文数据。

3. 样例分析

通过把论文数据导入多重共现知识发现可视化分析工具中，分析工具自动生成以下两个三重共现交叉图(图 5-3 和图 5-4)。

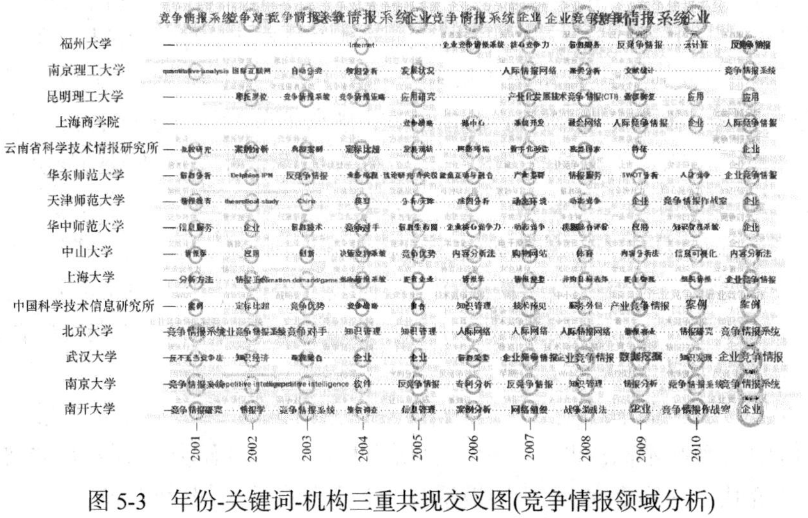

图 5-3　年份-关键词-机构三重共现交叉图(竞争情报领域分析)

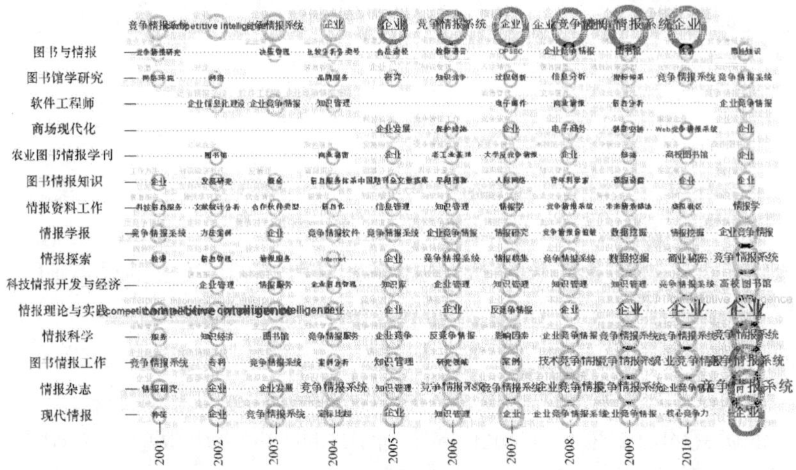

图 5-4　年份-关键词-发表期刊三重共现交叉图(竞争情报领域分析)

根据图 5-3 和图 5-4 所示的两个三重共现交叉图，依据三重共现关联强度的研究领域主题发展趋势分析模型，从以下两个方面进行分析。

1) 主要研究机构年度发文量、研究主题分析

从图 5-3 的左右两侧区域可以看出，在竞争情报研究领域主要研究机构中发文量较多的前十五个机构由多至少依次自下而上排列，分别为：南开大学、南京大学、武汉大学、北京大学、中国科学技术信息研究所、上海大学、中山大学、华中师范大学、天津师范大学、华东师范大学、云南省科学技术情报研究所、上海商学院、昆明理工大学、南京理工大学、福州大学。

此外，还可以考察各机构所从事的研究主题，如南开大学、武汉大学、上海大学、华中师范大学、天津师范大学、华东师范大学、云南省科学技术情报研究所、昆明理工大学这几所机构较为集中于企业竞争情报的研究，其论文关键词以“企业”、“企业竞争情报”居多；南京大学、北京大学主要关注“竞争情报系统”的研究；中国科学技术信息研究所则更偏重于“案例”和“产业竞争情报”的研究；中山大学多使用“内容分析法”进行竞争情报的研究；上海商学院主要集中于“人际竞争情报”的研究等，这同时也揭示了各类机构在竞争情报领域的主要具体研究方向。

从图 5-3 的上下两侧区域可以看出，主要研究机构的年度发文量逐年增长，但增长率并不高；也可看出主要研究机构的年度研究主题变化趋势，每年的研究热点内容都在“竞争情报系统”和“企业竞争情报”间轮换。

从图 5-3 的中间区域可以考察各主要机构每年的发文量和主要研究主题，

每年各主要机构的发文量变化不大，而主要的研究主题都不尽一致且变化很大。例如，南开大学，2001～2010 年的主要研究主题分别是“竞争情报研究”、“情报学”、“竞争情报系统”、“资信调查”、“信息管理”、“案例分析”、“网络组织”、“战争游戏法”、“企业”、“竞争情报作战室”；又如，武汉大学，过去多年多侧重于“企业竞争情报”的研究主题，但在 2009 年和 2010 年分别侧重于“数据挖掘”、“知识发现”方面的研究；还有北京大学，在 2004～2005 年主要偏重于“知识管理”的研究，而在 2006～2008 年则主要关注“人际网络”、“人际情报网络”的研究。并且近年来，各主要机构多出现一些新颖的研究主题关键词，如“云计算”、“竞争情报作战室”、“知识管理系统”、“信息可视化”、“组织情报”等。

2) 主流发表期刊年度载文量、刊载主题分析

从图 5-4 的左右两侧区域可以看出，在竞争情报研究领域主流发表期刊中载文量较多的前十五个期刊由多至少依次自下而上排列，分别为：《现代情报》、《情报杂志》、《图书情报工作》、《情报科学》、《情报理论与实践》、《科技情报开发与经济》、《情报探索》、《情报学报》、《情报资料工作》、《图书情报知识》、《农业图书情报学刊》、《商场现代化》、《软件工程师》、《图书馆学研究》、《图书与情报》。

此外，还可以考察各期刊的刊文主题，各载文期刊大多都是刊载关于企业竞争情报和竞争情报系统的研究主题，关键词多为“企业”、“企业竞争情报”、“竞争情报系统”，期刊间关于竞争情报类的载文主题差异不大，雷同度较高。

从图 5-4 的上下两侧区域可以看出，主流发表期刊的年度载文量逐年增多，增长率也较高，在 2009 年和 2010 年，主流发表期刊关于竞争情报研究领域的载文量达到高峰；此外，也可看出主流发表期刊的年度研究主题变化趋势，每年的研究热点内容都在“竞争情报系统”和“企业竞争情报”间轮换。

从图 5-4 的中间区域可以考察各主流发表期刊每年的载文量和主要研究主题。有的期刊每年刊载论文的主要研究主题变化不大，如《情报杂志》多年来刊载论文的主要关键词都是“竞争情报系统”、《情报理论与实践》则多是刊载关于“企业”的竞争情报研究等。但有的期刊每年刊载论文的主要研究主题差异很大，如《情报学报》、《情报探索》、《情报资料工作》、《图书情报知识》等。

3) 总体结论分析

通过对以上分析进行归纳，发现近年来在竞争情报研究领域的主要研究

机构和发文期刊中，呈现出以下特点:

(1) 发文量最多的机构有南开大学、南京大学、武汉大学、北京大学、中国科学技术信息研究所等。

(2) 期刊载文量最多的期刊有《现代情报》、《情报杂志》、《图书情报工作》、《情报科学》、《情报理论与实践》等。

(3) 从年份上看，主要研究机构的年度发文量逐年增长，但增长率并不高;而主流发表期刊的年度载文量逐年增多，增长率较高，在 2009 年和 2010 年，主流发表期刊关于竞争情报研究领域的载文量达到高峰。

(4) 通过考察主要研究机构和主流发表期刊的年度研究主题变化趋势可以发现，每年的研究热点内容都在“竞争情报系统”和“企业竞争情报”间轮换，并且主流发表期刊间关于竞争情报类的载文主题差异不大，雷同度较高，说明大多机构比较关注企业竞争情报、竞争情报系统的研究。

(5) 一些主要研究机构在某些年间有着较为集中的研究主题，例如，南开大学，2001～2010 年的主要研究主题分别是“竞争情报研究”、“情报学”、“竞争情报系统”、“资信调查”、“信息管理”、“案例分析”、“网络组织”、“战争游戏法”、“企业”、“竞争情报作战室”; 武汉大学过去多年多侧重于“企业竞争情报”的研究主题，但在 2009 年和 2010 年分别侧重于“数据挖掘”、“知识发现”方面的研究; 还有北京大学，在 2004～2005 年主要偏重于“知识管理”的研究。

(6) 一些主流发表期刊在某些年间有着较为集中的研究主题，如《情报杂志》多年来刊载论文的主要关键词都是“竞争情报系统”、《情报理论与科学》则多是刊载关于“企业”的竞争情报研究等。

(7) 各主要研究机构近年出现了一些新颖的研究主题关键词，如“云计算”、“竞争情报作战室”、“知识管理系统”、“信息可视化”、“组织情报”等。

5.1.2 研究领域的分析二

1. 数据来源

以下选取了“胚胎干细胞”研究领域进行分析。由于发文量较多的机构是该领域研究的佼佼者，载文量较多的期刊也是该领域发文的重要场所，它们都能较好地揭示出该研究领域的领先机构、高产期刊、研究主题发展趋势等，因此在研究领域的多重共现的分析中，选取了机构-年份-关键词和机构-发表期刊-关键词这两组多重共现关系来对该领域进行分析。

实证研究的数据来自 CNKI 的中国学术期刊网络出版总库数据库，检索主题词为“胚胎干细胞”，论文发表年份限定为 2002～2011 年，共检索出 4016 条记录(检索日期为 2011 年 7 月 23 日)，通过数据清理后剩余 3376 篇论文。

2. 样例分析

通过把论文数据导入多重共现可视化分析工具中，分析工具自动生成以下两幅多重共现交叉图(图 5-5 和图 5-6)。

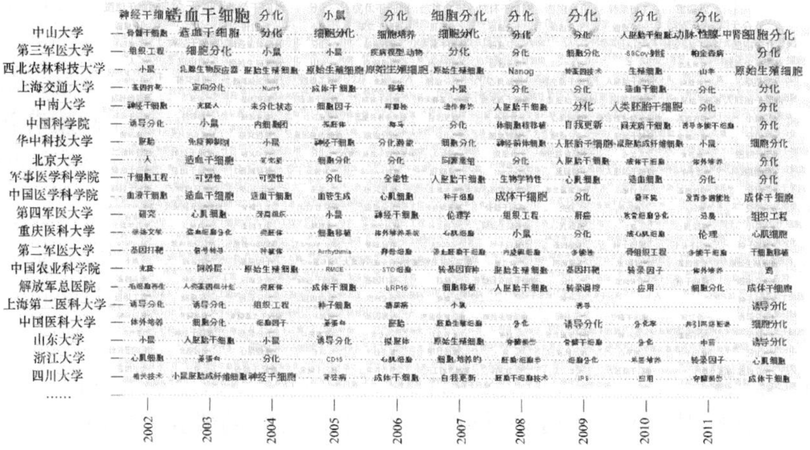

图 5-5　机构-年份-关键词多重共现交叉图(胚胎干细胞研究领域)

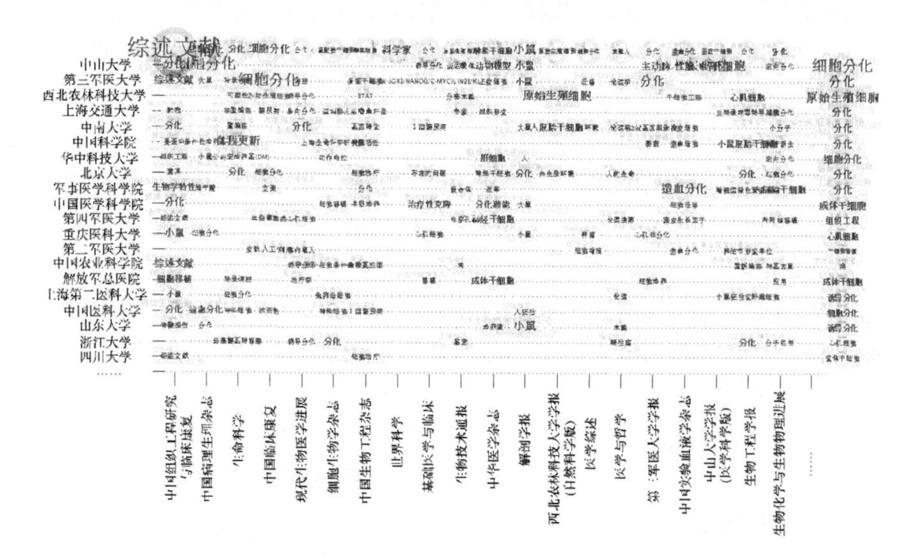

图 5-6　机构-发表期刊-关键词多重共现交叉图(胚胎干细胞研究领域)

根据图 5-5 和图 5-6 所示的两个多重共现交叉图，依据多重共现特征项共现关联强度的知识发现方法，从以下两个方面对胚胎干细胞研究领域进行分析。

1) 主要研究机构年度发文量、研究主题分析

从图 5-5 的左右两侧区域可以看出，在胚胎干细胞研究领域主要研究机构中发文量较多的机构由多到少依次自上而下排列，排名居前的单位为：中山大学、第三军医大学、西北农林科技大学等。在数据统计中，研究机构统一使用一级机构的名称，各机构的发文数据统计已包括其下所属的各学院、研究所、附属医院等二级机构的发文数据。其中在研究主题上，大多机构都集中于胚胎干细胞的"分化"研究上，其论文关键词以"分化"、"细胞分化"居多。此外，西北农林科技大学主要关注"原始生殖细胞"的研究，中南大学主要研究"人类胚胎干细胞"等。

从图 5-5 的上下两侧区域可以看出，主要研究机构在近 10 年间的发文量变化不大，说明"胚胎干细胞"领域的研究进入了一个平稳的研究期。此外，也可看出主要研究机构的年度研究主题变化趋势，虽然该领域每年都会集中在胚胎干细胞的"分化"研究上，但是有些年份会集中于某一方面的研究，例如，2002 年"神经干细胞"的研究、2003 年"造血干细胞"的研究、2005 年利用"小鼠"作为胚胎干细胞研究实验对象发表的论文较多等。

从图 5-5 的中间区域可以看出各主要研究机构在每年的发文量和主要研究主题。通过机构-年份-关键词三个特征项的共现可以发现，各主要研究机构每年的研究主题都不尽相同且变化很大，例如，中山大学虽然很多年的研究主题都集中于胚胎干细胞的"分化"研究上，但其在每年的研究侧重点都不相同，如 2002 年的"骨髓干细胞"、2003 年的"造血干细胞"、2006 年的"细胞培养"、2010 年的"人胚胎干细胞"、2011 的"主动脉-性腺-中肾区"研究。

2) 主要研究机构在主流发表期刊中的研究主题分析

从图 5-6 的上下两侧区域可以看出，胚胎干细胞研究领域主流发表期刊中载文量较多的期刊由多到少依次自左向右排列，载文量居前的期刊为：《中国组织工程研究与临床康复》、《中国病理生理杂志》、《生命科学》等。其中在刊载论文的研究主题上，各期刊的载文主题也不尽相同，例如，《中国组织工程研究与临床康复》刊载了较多关于胚胎干细胞的"综述文献"，《解剖学报》刊载的主题以"小鼠"为主等。

从图 5-6 的中间区域可以看出各主要研究机构在主流发表期刊中的

发文主题分布情况。例如，中山大学在《中国病理生理杂志》上主要发表关于“细胞分化”与“造血干细胞”的研究论文，在《中山大学学报(医学科学版)》上发表了较多关于“表皮干细胞”的研究论文；第三军医大学在《中国临床康复》、《第三军医大学学报》上发表了较多以“细胞分化”为主题的研究论文。此外还发现，在该领域一些研究实力较强(发文量较多)的机构中，其主办或承办的期刊载文量也较多，例如，中山大学主办的《中山大学学报》，第三军医大学主办的《第三军医大学学报》，西北农林科技大学主办的《西北农林科技大学学报》等期刊，并且这类机构在自身主办或承办的期刊上发文较多。这也说明该类机构及其主办的期刊在胚胎干细胞领域都处于较为领先的地位，并且该类机构也会倾向于在自己主办或承办的期刊上多发表论文。

从以上对胚胎干细胞研究领域的分析可以看出，基于多重共现的交叉图可视化技术以及知识发现分析方法能够较好地揭示出该研究领域中多个特征项的关联关系，相关机构可据此作为参考，跟踪该领域的研究情况以及发展趋势。

3. 分析效果

通过“竞争情报”与“胚胎干细胞”研究领域的三重共现关联强度实证分析可以发现，应用三重共现关联强度的分析方法对研究领域进行分析，能够从一个三重共现交叉图中同时揭示出一重、二重、三重共现的知识内容，提高了分析的效率。此外，在三重共现中也能揭示出比一重、二重共现更深入的知识内容，例如，在二重共现中可以揭示出各研究机构的研究主题分布情况，而在三重共现中则能具体揭示出各研究机构在各年内的研究主题分布情况。具体分析效果如表 5-1 所示。

表 5-1　三重共现关联强度知识发现方法用于研究领域的分析效果

分析视觉	预期分析的内容	实际分析效果
一重共现	高频特征项的排序(机构、期刊、年份)	发现在某研究领域发文量居前的研究机构、载文量居前的期刊以及每年发文量的增长状况
二重共现	特征项两两之间的共现关联关系(年份-关键词、年份-机构、机构-关键词、年份-发表期刊、发表期刊-关键词)	可以考察出某研究领域中各主要研究机构和主流发表期刊的研究主题、年度发文量的变化情况，以及在各年间研究主题的分布状况

续表

分析视觉	预期分析的内容	实际分析效果
三重共现	年份-关键词-机构、年份-关键词-发表期刊三个特征项共现的关联关系	可以考察出某研究领域中各主要研究机构和主流发表期刊的年度研究主题变化趋势，并发现一些主要研究机构在某些年间有着较为集中的研究主题

5.1.3 研究机构的分析

对于一个科研机构，其发表的论文承载了其大部分最新科研成果，通过研究科研机构所发表论文特征项的共现关联情况，可以了解该科研机构的研究主题、科研人员的配置、发表期刊、研究热点等情况。

1. 分析模型

通过分析研究机构的作者-发表期刊-关键词、年份-发表期刊-作者这两个三重共现关系，可以找出该研究机构中研究主题(关键词)在年份、发表期刊、作者之间的分布情况与发展趋势，并发现机构中的作者发文量在每年各期刊中的分布情况和变化趋势等。因此，本书采用图 5-7 所示的一系列分析方法。

2. 数据来源

国科图作为我国图书情报领域研究的领先机构，其具有丰硕的研究成果，通过分析其发表论文中多个特征项的共现关联情况,有利于跟踪图书情报领域研究的热点和前沿点以及相关领域研究的代表人物。因此，本样例选取国科图作为机构样本进行分析。数据来自 CNKI 的中国学术期刊网络出版总库数据库，检索国科图(包括各分馆)所发表的论文，检索式为“作者单位=国家科学图书馆 or 文献情报中心 or 资源环境科学信息中心”，同时限定为模糊检索，论文发表年份限定为 2001～2010 年，共检索出 2710 条记录(检索日期为 2011 年 11 月 9 日)，通过数据清理(剔除新闻报道类、征稿类等论文，并排除第一作者单位不是国科图的论文)剩余 2113 篇论文。为了数据处理的便捷需要，下述样例的分析只抽取了该论文集合中的第一作者作为分析数据。

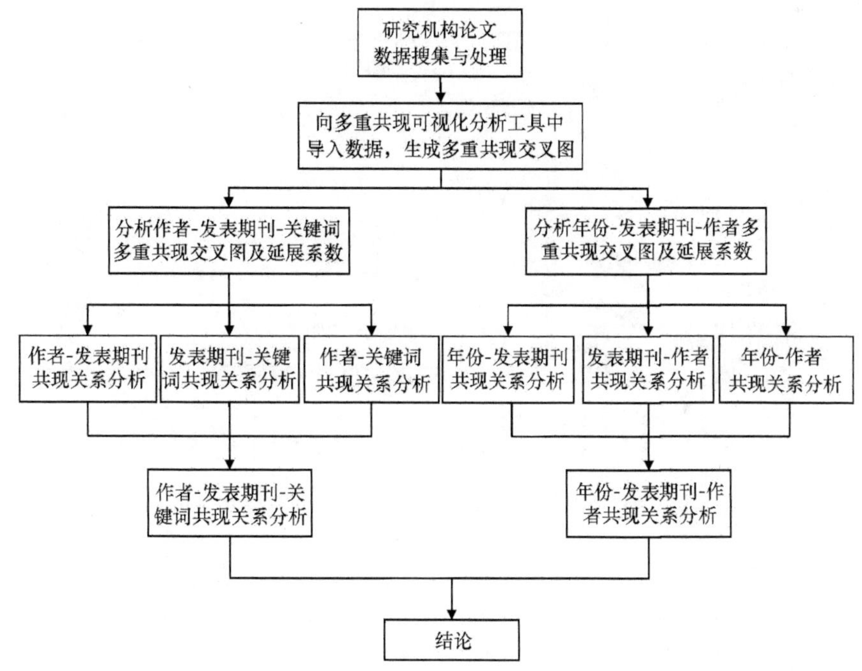

图 5-7　作者-发表期刊-关键词、年份-发表期刊-作者的三重共现关联强度分析模型(研究机构分析)

3. 样例分析

通过分析国科图的作者-发表期刊-关键词、年份-发表期刊-作者这两个三重共现关系，可以考察国科图中研究主题(关键词)在年份、发表期刊、作者之间的分布情况与发展趋势，并发现机构中的作者发文量在每年各期刊中的分布情况和变化趋势等。

如图 5-8 和图 5-9 所示，从单个特征项来看，作者按照发文量多少从下至上排列，国科图发文量前十的作者(发文量)分别是：白国应(86)、文榕生(74)、张晓林(39)、初景利(37)、李春旺(22)、马建霞(19)、张志强(19)、金碧辉(17)、张智雄(16)、吴振新(16)。期刊载文量多少由左往右排列，刊载国科图论文前十的期刊(载文量)分别是：《图书情报工作》(372)、《现代图书馆技术》(212)、《现代情报》(101)、《图书馆杂志》(82)、《图书馆建设》(76)、《图书馆理论与实践》(71)、《情报杂志》(71)、《情报理论与实践》(68)、《情报科学》(59)、《科学观察》(51)、《图书馆论坛》(51)。此外，国科图的年发文量每年也处于一个持续增长的状态。

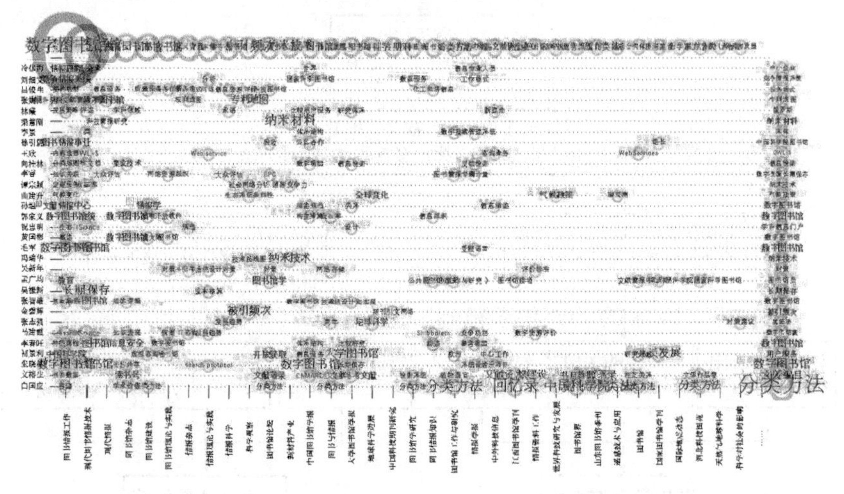

图 5-8　国科图机构的作者-发表期刊-关键词三重共现交叉图

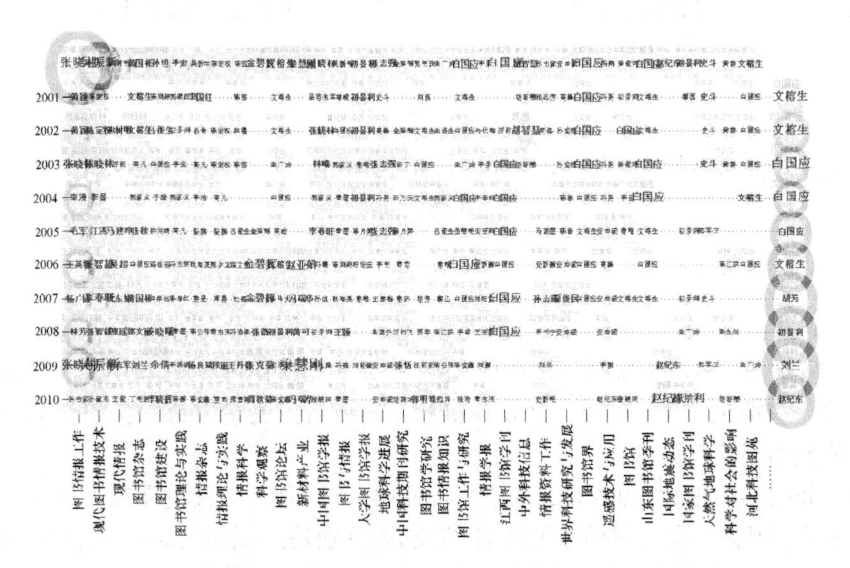

图 5-9　国科图机构的年份-发表期刊-作者三重共现交叉图

从两个特征项的共现关联强度来看，在作者-关键词共现中发现，国科图较多的高产作者发文主题为“数字图书馆”，如张晓林和李春旺等集中在“数字图书馆”方面的研究，此外，白国应和文榕生的发文主要是关于“分类法”方面的研究，初景利则关注“用户服务”方面的研究等，这说明该类学者是国科图内相关研究领域的领军人物。从发表期刊-关键词共现中也发现，刊载论文的期刊关键词多为“数字图书馆”，如《图书情报工作》、《现代图书情报技术》、《图书馆理论与实践》、《图书馆杂志》、《中国图书馆学报》等；还有些期刊着重刊载以某类关键词为主题的论文，如《现代图书情报技术》刊载论文主题多是“信息检索”，《图书情报工作》则主要是“知识管理”和“知识服务”，《中国科技期刊研究》多是“科技期刊”，《地球科学进展》刊载论文主题多为“地球科学”，以及《新材料产业》上的“纳米技术”、“纳米材料”等，揭示出各类期刊主要偏好的刊载国科图发文的主要研究主题。而从年份-作者共现来看，2001～2010 年每年国科图发文最多的作者(当年发文量)依次是：文榕生(13)、文榕生(15)、白国应(17)、白国应(15)、白国应(7)、文榕生(10)、胡芳(6)、初景利(7)、刘兰(9)、赵纪东(5)，从中揭示出国科图每年的高产作者。从发表期刊-作者的共现中还可以发现，国科图于 2001～2010 年在某些期刊上有着固定的作者群体，他们集中在这些期刊上发表了较多的论文，例如，吴振新在《现代图书情报技术》上发文 15 篇、白国应在《江西图书馆学刊》上发文 15 篇、张晓林在《图书情报工作》上发文 14 篇，白国应在《图书馆界》上发文 12 篇、张智雄在《现代图书情报技术》上发文 9 篇、李春旺在《现代图书情报技术》上发文 9 篇、金碧辉在《科学观察》上发文 9 篇等。

从三个特征项的共现关联强度(表 5-2 和表 5-3)并结合图 5-8 和图 5-9 来看，在作者-发表期刊-关键词的三重共现中发现，有些作者会偏向于集中在某类期刊上发表以某类关键词为主题的论文，如白国应在《江西图书馆学刊》、《晋图学刊》、《图书馆工作与研究》和《河北科技图苑》等期刊上发表的论文以“分类法”的研究为主，张晓林在《图书情报工作》、《中国图书馆学报》的发文以“数字图书馆”的研究为主，金碧辉在《科学观察》上的发文以“计量学”的研究为主(关键词多是“被引频次”、“优势学科”等)。在年份-发表期刊-作者的三重共现中发现，近年来某些作者在某年内固定在某类期刊上连续发表较多的论文。例如，2009 年，吴振新在《现代图书情报技术》、梁慧刚在《新材料产业》、张晓林在《图书情报工作》上发表了较多的论文；而 2010 年初景利在《国家图书馆学刊》、赵纪东在《国际地震动态》上发文量也较多。

表 5-2　作者-发表期刊-关键词共现表(国科图)

变量 *O*[ap; jp; kwp]	数值
O[白国应；江西图书馆学刊；回忆录]	8
O[白国应；江西图书馆学刊；文献分类学家]	8

续表

变量 O[ap; jp; kwp]	数值
O[白国应；晋图学刊；分类标准]	8
O[白国应；晋图学刊；分类方法]	8
O[白国应；晋图学刊；分类体系]	8
O[白国应；晋图学刊；文献分类]	8
O[白国应；山东图书馆季刊；文献分类法]	7
O[白国应；图书馆工作与研究；分类方法]	7
O[白国应；江西图书馆学刊；分类方法]	6
O[白国应；江西图书馆学刊；文献分类]	6
O[白国应；图书馆工作与研究；分类标准]	6
O[白国应；图书馆工作与研究；分类体系]	6
O[白国应；图书馆工作与研究；文献分类]	6
O[白国应；图书馆界；文献情报工作]	6
O[白国应；图书馆界；中国科学院]	6
O[梁慧刚；新材料产业；纳米材料]	6
O[白国应；江西图书馆学刊；分类体系]	5
O[白国应；图书馆工作与研究；电工技术文献]	5
O[白国应；图书馆界；图书馆工作]	5
O[白国应；图书馆界；文献情报中心]	5
O[梁慧刚；新材料产业；纳米技术]	5
O[吴振新；现代图书情报技术；长期保存]	5
O[张晓林；图书情报工作；数字图书馆]	5
O[张晓林；中国图书馆学报；数字图书馆]	5

表 5-3　年份-发表期刊-作者共现表(国科图)

变量 O[yp; ap; jp]	数值
O[2009；梁慧刚；新材料产业]	6
O[2009；吴振新；现代图书情报技术]	6
O[2004；白国应；山东图书馆季刊]	4

续表

变量 O[yp; ap; jp]	数值
O[2006; 白国应; 图书馆工作与研究]	4
O[2006; 金碧辉; 科学观察]	4
O[2007; 白国应; 江西图书馆学刊]	4
O[2008; 白国应; 江西图书馆学刊]	4
O[2009; 张晓林; 图书情报工作]	4
O[2010; 初景利; 国家图书馆学刊]	4
O[2010; 赵纪东; 国际地震动态]	4

此外，通过不同延展系数的计算可以看出一些共现项的潜在关联关系。延展系数 E'_{jp}(ap) 表示作者发文的期刊分布数，如表 5-4 所示，国科图平均每位发文作者在 2.48 种期刊上发表过论文，并且有的作者发文期刊分布广泛，如文榕生在 28 种期刊上发表过论文，白国应在 22 种期刊上发表过论文，张晓林、张志强、初景利都在 12 种期刊上发表过论文。此外，通过 E'_{ap}(jp) 还可以看出，国科图研究人员在各期刊上的作者群数量分布状况(表 5-5)，以《图书情报工作》居首，共有 231 名国科图的研究人员在该期刊上发文，《现代图书情报技术》上则有 115 名，《现代情报》有 85 名。

表 5-4　作者-发表期刊延展系数表(国科图)

变量	数值
E'_{jp}(ap)	2.48
E'_{jp} (文榕生)	28
E'_{jp} (白国应)	22
E'_{jp} (初景利)	12
E'_{jp} (张晓林)	12
E'_{jp} (张志强)	12
E'_{jp} (马建霞)	10
E'_{jp} (李春旺)	9
E'_{jp} (谭宗颖)	9
E'_{jp} (…)	…

表 5-5　发表期刊-作者延展系数表(国科图)

变量	数值
E'_{ap}(jp)	7.36
E'_{ap} (图书情报工作)	231
E'_{ap} (现代图书情报技术)	115
E'_{ap} (现代情报)	85
E'_{ap} (情报杂志)	63
E'_{ap} (情报理论与实践)	62
E'_{ap} (图书馆理论与实践)	58
E'_{ap} (图书馆杂志)	56
E'_{ap} (情报科学)	56
E'_{ap} (图书馆建设)	52
E'_{ap} (图书馆论坛)	32
E'_{ap} (图书与情报)	32
E'_{ap} (图书馆学研究)	30
E'_{ap} (图书情报知识)	30
E'_{ap} (中国图书馆学报)	29
E'_{ap} (中国科技期刊研究)	28
E'_{ap} (科学观察)	27
E'_{ap} (…)	…

另外，E'_{yp}(ap) 表示某作者发表论文的活跃年数(即某作者在多少年内发表过论文)，如表 5-6 所示，初景利和文榕生在 2001～2010 年每年都发表过论文，而吴新年、张志强、马建霞、白国应、张晓林发表论文的活跃年数为 9 年。E'_{ap}(yp) 表示某年活跃的作者数(即在该年共有多少作者发表过论文)，如表 5-7 所示，国科图在 2008 年的活跃作者数最多，达 191 人，其中在 2005～2006 年，活跃作者数增长迅速，国科图在 2001～2010 年活跃作者平均数为 129。E'_{ap}(yp; jp) 代表国科图某年某期刊中的活跃作者数(即在某年某期刊中发表论文的作者数量)，如表 5-8 所示，国科图每年在《图书情报工作》的活跃作者数都很多(其中 2006 年为 44 人、2009 年为 42 人等)，此外，在 2007 年的《现

代情报》、2008～2010 年的《现代图书情报技术》、2009 年的《图书馆建设》中，国科图的活跃作者数也较多。

表 5-6　作者发文的活跃年数表(国科图)

变量	数值
E'_{yp} (ap)	2.17
E'_{yp} (初景利)	10
E'_{yp} (文榕生)	10
E'_{yp} (白国应)	9
E'_{yp} (马建霞)	9
E'_{yp} (吴新年)	9
E'_{yp} (张晓林)	9
E'_{yp} (张志强)	9
E'_{yp} (高峰)	8
E'_{yp} (李春旺)	8
E'_{yp} (曲建升)	8
E'_{yp} (…)	…

表 5-7　年活跃作者数表(国科图)

变量	数值
E'_{ap} (yp)	129
E'_{ap} (2001)	66
E'_{ap} (2002)	80
E'_{ap} (2003)	80
E'_{ap} (2004)	85
E'_{ap} (2005)	109
E'_{ap} (2006)	152
E'_{ap} (2007)	176
E'_{ap} (2008)	191
E'_{ap} (2009)	180
E'_{ap} (2010)	171

表 5-8　某年某期刊中活跃作者数表(国科图)

变量	数值
E'_{ap} (yp; jp)	3.52
E'_{ap} (2006,图书情报工作)	44
E'_{ap} (2009,图书情报工作)	42
E'_{ap} (2004,图书情报工作)	39
E'_{ap} (2008,图书情报工作)	38
E'_{ap} (2007,现代情报)	35
E'_{ap} (2007,图书情报工作)	34
E'_{ap} (2005,图书情报工作)	32
E'_{ap} (2002,图书情报工作)	31
E'_{ap} (2010,图书情报工作)	28
E'_{ap} (2008,现代图书情报技术)	26
E'_{ap} (2009,现代图书情报技术)	26
E'_{ap} (2003,图书情报工作)	26
E'_{ap} (2010,图书馆学研究)	22
E'_{ap} (2010,现代图书情报技术)	22
E'_{ap} (2009,图书馆建设)	21

从以上实例分析可以归纳出以下结论:

(1) 通过三重共现关联强度分析可以发现, 在 2001～2010 年国科图发文最多的作者分别是白国应、文榕生、张晓林、初景利、李春旺等, 而刊载国科图发表论文的期刊以《图书情报工作》、《现代图书情报技术》两个期刊居多, 并且国科图的年发文量一直持续增长, 发文主题以“数字图书馆”、“分类法”、“用户服务”等为主, 此外还可统计出 2001～2010 年每年国科图发文量最高的作者。另外, 还揭示出各类期刊主要偏好于刊载国科图发文的主要研究主题、国科图相关研究领域的领军人物以及在某些期刊上有着固定的作者群体。还可考察出国科图一些作者在某年内固定在某类期刊上连续发表较多的论文, 并且一些作者会偏向于集中在某类期刊上发表以某类关键词为主题的论文。

(2) 通过延展系数的分析，可以发现国科图作者发表期刊的分布情况、发文的活跃年数，以及国科图每年的活跃作者数、在各发表期刊上作者群数量的分布状况以及某年某期刊中的活跃作者数等状况。

4. 分析效果

通过应用三重共现关联强度的分析方法对研究机构进行分析，能够从一个三重共现交叉图中同时揭示出一重、二重、三重共现的知识内容，提高了分析效率。此外，在三重共现中，也能揭示出比一重、二重共现更深入的知识内容，例如，在二重共现中可以揭示出各研究人员的研究主题分布情况，而在三重共现中则能具体揭示出各研究人员在发表期刊中的研究主题分布情况。具体分析效果如表 5-9 所示。

表 5-9　三重共现关联强度知识发现方法用于研究机构的分析效果

分析视觉	预期分析的内容	实际分析效果
一重共现	高频特征项的排序(作者、发表期刊、年份)	发现国科图发文量居前的高产作者、载文量高的发表期刊、高产年份以及国科图每年发文量的增长状况
二重共现	特征项两两之间的共现关联关系(作者-发表期刊、作者-关键词、发表期刊-关键词、年份-作者、年份-发表期刊)	考察国科图各研究人员的主要研究领域、发表期刊的主要载文主题、每年的高产作者、各期刊上固定的作者群体等
三重共现	作者-发表期刊-关键词、年份-发表期刊-作者三个特征项共现的关联关系	发现国科图中哪些作者会偏向于集中在某类期刊上发表某类主题的论文，以及哪些作者在某些年内固定在某类期刊上连续发表较多的论文
延展系数的计算	不同特征项组合的延展系数	发现国科图作者发文期刊种类的分布情况、发文的活跃年数，以及国科图每年的活跃作者数、在各发文期刊上作者群数量的分布状况以及某年某期刊中的活跃作者数等状况

5.1.4　机构间的对比分析

大科学时代，科研机构在科学技术进展中发挥着重要的引领作用。尤其一些发达国家的大型机构、优势机构引领着相关领域的研究潮流，是其他机构实施跨越式发展跟踪与关注的焦点。对机构间发表论文特征项共现强度的对比分析，可以挖掘机构的研究实力和研究焦点。

1. 分析模型

本样例的实证研究通过分析机构-核心期刊-关键词的共现关系，揭示高校图书馆与核心期刊间的发文关联关系。例如，在分析机构-核心期刊-关键词这三个特征项的共现关系中，如果从机构的视点出发，可以挖掘出哪些机构偏向于在哪种期刊上发表某类研究主题的文章；从期刊的视角出发，可以揭示某类期刊上所具有的稳定机构作者群，以及该机构在期刊上所发表论文的主题方向；而从关键词的角度出发，可以找出发表关于某类主题论文的机构群体和期刊集合。图 5-10 是机构-核心期刊-关键词三重共现关联强度的具体分析模型图，图 5-11 为机构-核心期刊-关键词三重共现交叉图示例。

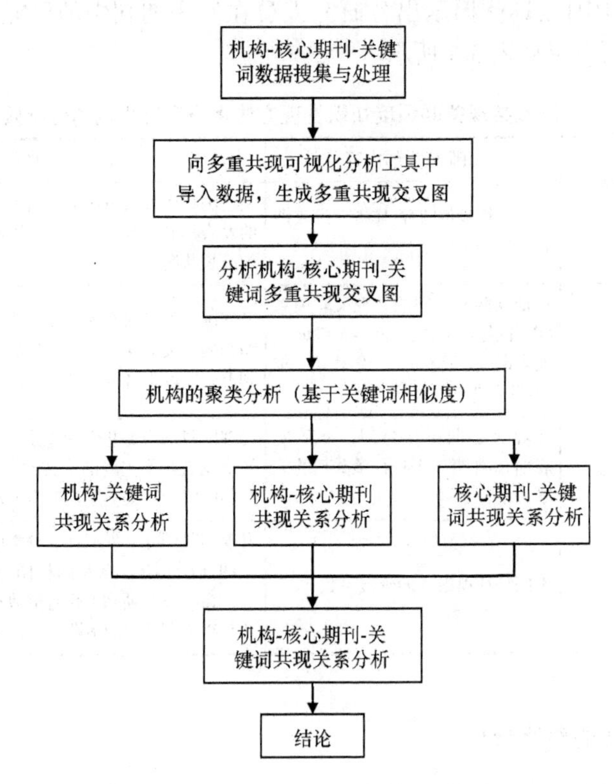

图 5-10　机构-核心期刊-关键词三重共现关联强度分析模型(机构间对比分析)

图 5-11 中圆圈代表发文量的多少，发文越多，圆圈越大。高频关键词区域则可显示某机构在某期刊上发表论文所使用的高频关键词状况，按照其所

图 5-11　机构-核心期刊-关键词三重共现交叉图(机构间对比分析)

使用的关键词频次高低，图中数字以 1～5 进行排序，并标以不同的颜色深浅和字号大小作为区别，关键词频次越高，其标识的颜色越深并且字号也越大。

2. 数据来源

为了能更有效地揭示高校图书馆和核心期刊的论文主题研究情况以及挖掘出高校图书馆与核心期刊之间的发文关系，本书需要限定所选取的高校图书馆和核心期刊的样本数量。在机构样本的选择上，由于知名高校的图书馆一般都是其他图书馆或相关学者跟踪与关注的焦点，通过选取国内大学排名靠前高校的图书馆作为研究对象，有利于跟踪国内知名高校图书馆的发文状况和研究趋势。其中，国内的大学排行榜有中国校友会网的大学排名、武书连的大学排名、中国网大的大学排名、中国人民大学的大学排名等，而鉴于中国校友会网在中国大学评价领域有着广泛的学术影响力、社会影响力和品牌知名度，并且中国校友会网的中国大学排行榜已成为我国最具影响力的大学排行榜之一。因此，选取中国校友会网 2011 年中国大学排行榜 20 强高校[95]的图书馆作为机构分析样本，在期刊样本上则选择了 CSSCI(2010～2011 年)来源期刊“图书馆、情报与文献学”中的 18 种图书馆学、情报学期刊[96](以下简称 18 种期刊)。然后根据所选取的图书馆样本和期刊样本在 CNKI 的中国学术期刊网络出版总库数据库搜索相关的论文，依据 20 强高校的名单分别检索作者单位为“××大学图书馆”所发表的论文，论文发表年份限定为 2006～2010 年(检索日期为 2011 年 3 月 12 日)，通过筛选共检索出 20 强高校图书馆发表在 18 种期刊中的 1143 篇论文(表 5-10)，基本可以认为检索出的论文集合代表着目前高校图书馆的主要研究方向。

表 5-10　高校图书馆在核心期刊上的发文情况(2006～2010 年)

机构	总发文量 (*A*)	在 18 种期刊上的发文量 (*B*)	比例 (*B*/*A* × 100%)
北京大学图书馆	147 篇	107 篇	72.79%
清华大学图书馆	179 篇	135 篇	75.42%
浙江大学图书馆	108 篇	74 篇	68.52%
复旦大学图书馆	141 篇	47 篇	33.33%
南京大学图书馆	88 篇	29 篇	32.95%
上海交通大学图书馆	83 篇	54 篇	65.06%
武汉大学图书馆	160 篇	69 篇	43.13%
中国人民大学图书馆	58 篇	29 篇	50%
华中科技大学图书馆	159 篇	25 篇	15.72%
中山大学图书馆	211 篇	122 篇	57.82%
吉林大学图书馆	145 篇	32 篇	22.07%
四川大学图书馆	143 篇	38 篇	26.57%
北京师范大学图书馆	208 篇	88 篇	42.31%
南开大学图书馆	144 篇	107 篇	74.31%
中南大学图书馆	91 篇	30 篇	32.97%
山东大学图书馆	147 篇	27 篇	18.37%
哈尔滨工业大学图书馆	107 篇	36 篇	33.64%
中国科技大学图书馆	2 篇	0 篇	0%
西安交通大学图书馆	105 篇	47 篇	44.76%
厦门大学图书馆	80 篇	47 篇	58.75%
总计	2506 篇	1143 篇	45.61%

3. 样例分析

本样例从 20 所高校图书馆在 18 种期刊上所发表的论文中提取关键词，并导入多重共现可视化软件中绘制出高校图书馆-核心期刊-关键词三重共现交叉图(图 5-12)，该图可以直观地显示出高校图书馆在核心期刊中的发文关系。以下将基于三重共现交叉图深入分析高校图书馆与核心期刊之间的发文关联关系。

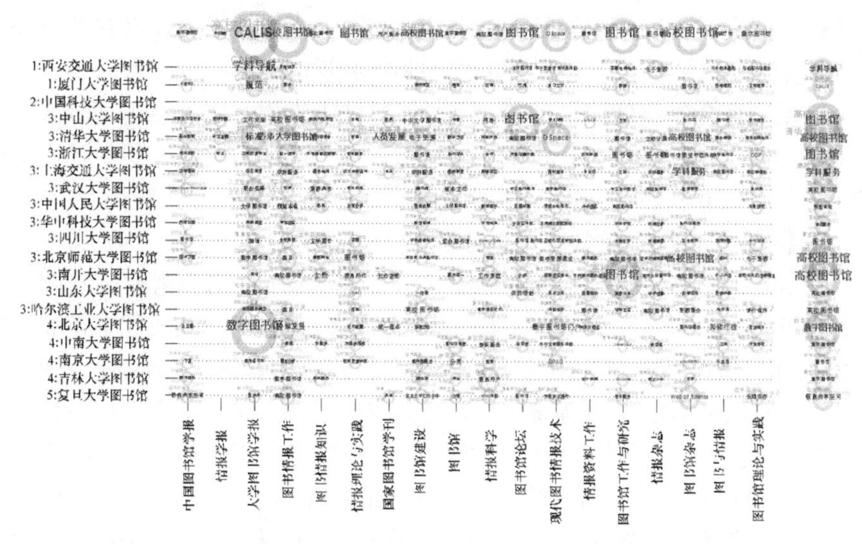

图 5-12　高校图书馆-核心期刊-关键词三重共现关联强度交叉图

根据图 5-12 所示的高校图书馆-核心期刊-关键词三重共现交叉图，依据三重共现关联强度知识发现方法的分析模型，从以下六个方面进行分析[97]。

1) 聚类数据分析

从图 5-12 左侧机构的分类数字标识来看，多重共现知识发现可视化分析工具依据各高校图书馆在 18 种核心期刊上发表论文的机构-关键词共现矩阵，对机构分成了五类。

1 类：包括西安交通大学图书馆、厦门大学图书馆。

2 类：包括中国科技大学图书馆(在数据库中没有查找出 2006～2010 年以中国科技大学图书馆为署名单位发表在 18 种期刊中的论文)。

3 类：中山大学图书馆、清华大学图书馆、浙江大学图书馆、上海交通大学图书馆、武汉大学图书馆、中国人民大学图书馆、华中科技大学图书馆、四川大学图书馆、北京师范大学图书馆、南开大学图书馆、山东大学图书馆、哈尔滨工业大学图书馆。

4 类：北京大学图书馆、中南大学图书馆、南京大学图书馆、吉林大学图书馆。

5 类：复旦大学图书馆。

通过对机构在研究主题(关键词)上的聚类分析发现同类别中的机构间在 18 种期刊中发表的论文主题较为相似，其发文关键词相似度较高，而不同类别的机构间发文主题则差异较大。研究主题相似的机构，存在潜在的合作关系，可发展合作关系来强强联合，另外研究主题相似机构也有可能是竞争对手。但无论是合作伙伴还是竞争对手，都是科研机构制定发展规划时要密切关注的对象。可以通过此分析来了解相关机构，重视与它们之间的学术交流与合作，考虑自身特点，有针对性地选择合作伙伴和追踪竞争对手。

2) 机构-关键词二重共现关系分析

依据高校图书馆在核心期刊中发文的高频关键词，可以考察高校图书馆的主要研究方向和研究布局。根据图 5-12 右侧可以看出，高校图书馆非常关注服务，许多研究都是围绕用户服务展开的，如信息服务、读者服务、图书馆服务、学科服务等的一些高频词。同时高校图书馆也很注重资源环境建设等方面的研究，如关键词包括数字图书馆、电子资源、网络环境、数据库、数字资源、CALIS 等就有所反映。而从发文量来看，清华大学图书馆、中山大学图书馆、北京大学图书馆、南开大学图书馆这四个机构在 18 种期刊中发文较多，科研实力较强。

此外从图 5-12 中还可以发现，某些高校图书馆发表的论文会采用本身机构的名称作为关键词，如北京大学图书馆、清华大学图书馆、南开大学图书馆、中山大学图书馆等。由此可以看出这几个高校图书馆，其研究多从本馆的工作出发，注重以本馆实践来做研究。

3) 核心期刊-关键词二重共现关系分析

通过对核心期刊刊载高校图书馆论文的关键词进行分析，可以考察各种期刊所偏重于录用高校图书馆发文的主题类型。从图 5-12 上侧可以看出，18 种期刊刊载了许多以高校图书馆、数字图书馆、大学图书馆为关键词的论文，其中发现某些期刊所刊载论文聚集在某几类的关键词，例如，《大学图书馆学报》刊载了许多以 CALIS、学科导航、规范、标准为关键词的论文，《图书馆杂志》刊载了较多以学科服务、OPAC、图书馆 2.0 为关键词的论文，《图书馆工作与研究》刊载了较多以信息服务、采访、采购模式为关键词的论文，《图书馆建设》刊载了较多以电子资源、集团采购、图书馆服务为关键词的论文。除此以外，有些期刊偏重于录用关于技术类主题的论文，例如，《情报科学》刊载了较多以网络、搜索引擎、个性化信息服务为关键词的论文，《现代图书情报技术》刊载了较多以 DSpace、数字图书馆、OPAC、数字图书馆门户为关键词的论文；又如，《国家图书馆学刊》偏重于刊载研究图书馆实务和发展的论文，其高频关键词包括用户服务、图书馆管理、资源建设、发展趋势、战略规划。由此可见，各核心期刊所刊载的高校图书馆论文的研究主题各具特色。而从载文量来看，《大学图书馆学报》、《图书情报工作》、《图书馆杂志》、《图书馆工作与研究》刊载了较多由 20 所高校图书馆所发表的论文。

4) 机构-核心期刊二重共现关系分析

图 5-12 中间区域圆圈大的地方代表某机构在某期刊上发表了较多的文章，如北京大学图书馆在《大学图书馆学报》上发表了大量的文章，中山大学图书馆在《图书馆论坛》上发表了较多的文章，清华大学图书馆在《现代图书情报技术》上发表了较多的文章，南开大学图书馆在《图书馆工作与研究》上发表了较多的文章。从中可以看出，高校图书馆与核心期刊的发文关系具有一定的地域性特点，即高校图书馆的研究人员会较为集中地在其所处地域(或邻近地域)的核心期刊上发表较多的文章。

5) 机构-核心期刊-关键词三重共现关系分析

从高频关键词的标识来看，北京大学图书馆在《大学图书馆学报》上发表了许多以数字图书馆、CALIS 为关键词的论文，西安交通大学图书馆在《大学图书馆学报》上发表了许多以 CALIS、学科导航为关键词的论文。除此以外，还发现有多所大学图书馆在多种核心期刊上发表了较多以高校图书馆、CALIS、图书馆为关键词的论文，这三个关键词在图 5-12 中的机构-核心期刊-关键词交叉区域频繁地出现，标志着高校图书馆的研究以图书馆类研究为主，较少涉及情报类研究，并且都是以高校图书馆这一群体的视角出发，较多地关注 CALIS 的研究。另外，各个高校图书馆在各种期刊上也发表了多种主题的研究论文，如厦门大学图书馆在《大学图书馆学报》上发表了较多以学科导航、标准、规范、CALIS 为关键词的论文，上海交通大学图书馆在《图书馆杂志》上发表了较多以学科服务为关键词的论文，北京大学图书馆在《图书与情报》上发表了较多以阅读疗法为关键词的论文，北京师范大学图书馆在《图书馆杂志》上发表了较多以高校图书馆为关键词的论文，南开大学图书馆在《图书馆工作与研究》上发表了较多以信息服务、图书馆员、美国为关键词的论文，清华大学图书馆在《图书馆杂志》上发表了较多以学科服务、学科馆员为关键词的论文。由此考察出各高校图书馆在各核心期刊上发文主题类型的分布，可见各高校图书馆除了会在某些期刊上发表关于某几个特定主题的文章，在各类期刊中发文的主题可以说是百花齐放。

6) 整体结论分析

通过对上述几点分析的总结，归纳出以下四点结论：①高校图书馆与核心期刊的发文关系具有一定的地域性特点；②高校图书馆较为注重用户服务和资源环境建设等方面的研究；③各核心期刊所刊载的高校图书馆论文的研究主题各具特色；④各高校图书馆除了会在某些核心期刊上发表关于某几个特定主题的文章，在各类期刊中发文的主题可以说是百花齐放。

4. 分析效果

通过应用三重共现的知识发现方法，对 20 强高校图书馆所发表论文集合当中的机构-核心期刊-关键词的三重共现关联强度进行了实证分析，发现该分析方法能够从一个三重共现交叉图中同时揭示出一重、二重、三重共现的知识内容，提高了分析的效率。此外在三重共现中，也能揭示出比一重、二重共现更深入的知识内容，例如，在二重共现中可以揭示出各高校图书馆的研究主题分布情况，而在三重共现中则能具体揭示出各高校图书馆在不同核心期刊中的研究主题分布情况。具体分析效果如表 5-11 所示。

表 5-11　三重共现关联强度知识发现方法用于机构间对比的分析效果

分析视觉	预期分析的内容	实际分析效果
单个特征项的聚类	特征项的相似度聚类(机构)	通过机构-关键词共现矩阵发现相类似研究主题的高校图书馆聚类
一重共现	高频特征项的排序(机构、核心期刊)	发现发文量居前的高校图书馆，以及载文量居前的核心期刊
二重共现	特征项两两之间的共现关联关系(机构-核心期刊、核心期刊-关键词、机构-关键词)	考察各高校图书馆发文的主要研究主题、各期刊载文量较多的研究主题，以及各高校图书馆发文量较多的期刊。此外，从机构-核心期刊的关系中还能归纳出高校图书馆与核心期刊的发文关系具有一定的地域性特点；而从机构-关键词的共现关系中发现有多个高校图书馆的研究多从本馆的工作出发，注重以本馆实践来做研究
三重共现	机构-核心期刊-关键词三个特征项共现的关联关系	考察各高校图书馆在各核心期刊上发文主题类型的分布，并发现某几个高校图书馆会在其中一些期刊集中发表某类研究主题的文章

5.1.5　研究学者的分析

研究学者是指具有一定的专业技能和文化水平，能在一定程度上引导社会风潮的人。其一般专门从事专业的或学术的研究，包括文学家、历史学家、哲学家、科学家等，同时他们在一定的专业领域内或学术方面比较优秀并且其思想能够影响社会发展。

1. 分析模型

通过对研究学者发表论文集合中的年份-关键词-发表期刊三重共现关联强度进行分析，可以掌握该研究学者的研究动态，还能更深入地了解该学者的高产年份、主要研究领域分布、每年发文主题的变化情况、偏好的发表期刊等。图 5-13 是年份-关键词-发表期刊三重共现的具体分析模型图。

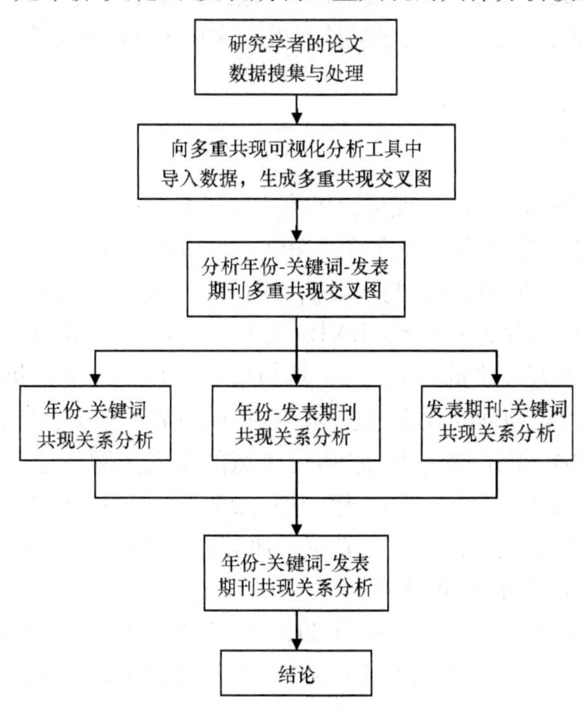

图 5-13　年份-关键词-发表期刊三重共现关联强度分析模型(研究学者分析)

2. 数据来源

历史意识对于理解图书馆在现代社会中的作用具有重要的意义。著名图书馆学家巴特勒坚持这样一种观点，即图书馆事业只有通过对其历史起源的理解，才能够被完全地领会；馆员除非有清晰的历史意识，否则肯定不能服务好社区[98]。然而，由于各种复杂的因素，我国图书馆史研究一直未能引起学界的足够重视。相对于数字图书馆、信息资源建设、知识产权保护等研究领域，图书馆史研究仍然处于劣势而少人问津。而在这些为数不多的图书馆史学者中，吴稌年先生成绩突出，发文量较多。吴稌年从社会的教育和文化背景出发，以学术思想史的角度，用哲学的思辨方式对图书馆学进行了广泛的研究，除了在“要素说”、“动静说”等图书馆学基础理论领域取得了令人赞赏的成果，更在图书馆史研究领域取得了备受瞩目的成绩[99]。

因此，本样例选取图书馆史领域的研究学者吴稌年进行分析。在论文数据的搜集上，本书选取中文数据库，所检索出来的数据均来自CNKI的中国学术期刊网络出版总库数据库，检索作者名为“吴稌年”，论文发表年份限定为2010年(含)以前，共检索出关于吴稌年的论文记录71条(检索日期为2011年5月12日)。

3. 样例分析

如图5-14所示，可以发现吴稌年的一些研究特点：

(1) 近几年的论文多发表在《晋图学刊》、《图书馆》、《图书情报工作》、《图书与情报》、《图书馆理论与实践》、《图书情报知识》等期刊上，并且其在2004年和2006年发文量最多，分别发表了8篇和11篇论文，说明这类期刊是吴稌年主要偏好发文的期刊，一方面可能该类期刊向吴稌年约稿较多，另一方面也可能该类期刊的载文主题与吴稌年的研究方向契合度较高。

(2) 吴稌年每年在“图书馆史”研究领域的研究主题不尽一致，较为多样化，例如，其在2004年关注“图书馆分期”，2006年撰写了较多关于“近代图书馆史”、“要素说”的文章，2007年则更多地关注“新图书馆运动”，2009年写了较多关于“图书馆学术史”的文章。

(3) 通过在期刊上的发文主题分析，可以发现吴稌年在《图书馆》中发表了较多关于“新图书馆运动”和“动静说”的论文，在《晋图学刊》和《图书馆理论与实践》上发表了较多关于“近代图书馆史”研究的论文。

(4) 从每年在期刊上发文的主题来看，吴稌年在2006年的《晋图学刊》上发表了较多以“近代图书馆史”为关键词的文章，在2006年的《图书馆理论与实践》上发表了较多以“要素说”为主题的文章，此外，在2007年的《图书馆》上发表了较多以“图书馆史”和“新图书馆运动”为主题的文章。从中可以看出吴稌年每年在不同期刊中主要研究的热点问题。

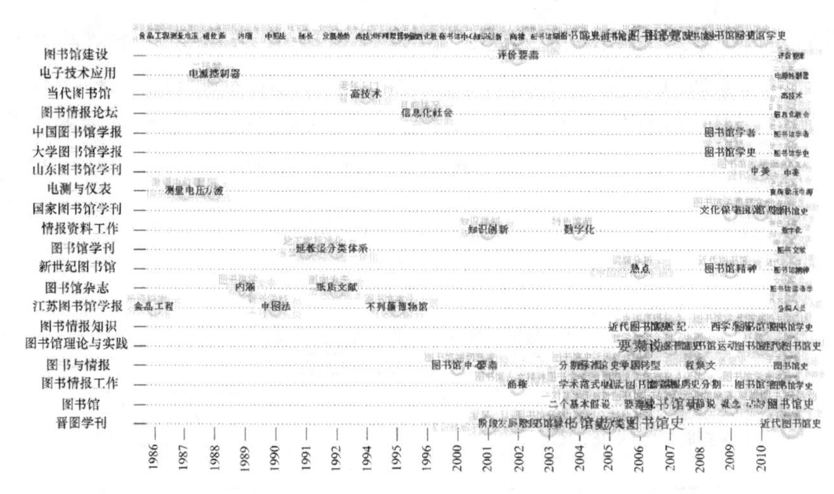

图 5-14　研究学者吴稌年的年份-关键词-发表期刊三重共现交叉图

4. 分析效果

应用三重共现关联强度的分析方法对研究学者进行分析，从一个三重共现交叉图中能同时发现该研究学者的研究在时间、发表期刊、研究主题上的分布特点，有利于对不同领域的领军研究学者的研究方向、研究焦点进行跟踪分析，如表 5-12 所示。

表 5-12　三重共现关联强度知识发现方法用于研究学者的分析效果

分析视觉	预期分析的内容	实际分析效果
一重共现	高频特征项的排序(年份、发表期刊)	发现图书馆史研究学者吴稌年发文的高产年份、高产期刊，以及发文量在各期刊上、各年间发文量的分布情况
二重共现	特征项两两之间的共现关联关系(年份-关键词、年份-发表期刊、发表期刊-关键词)	考察吴稌年每年发表的论文主题，每年在各期刊上的发文量，以及在某类期刊上偏好发表的主题
三重共现	年份-关键词-发表期刊三个特征项共现的关联关系	发现吴稌年每年在不同期刊中主要研究的热点问题

5.2　被引关联强度的实证分析

5.2.1　分析模型

对于一个科研机构，其发表的论文承载了该机构大部分最新科研成果，通过研究科研机构所发表论文特征项的被引关联情况，可以了解该科研机构被广泛关注的研究主题、研究热点、科研人员等情况，有利于跟踪该科研机构的领军研究领域和代表人物等。因此，本样例采用如图 5-15 所示的一系列分析方法，从被引关联强度分析国科图被广泛关注的科研状况。

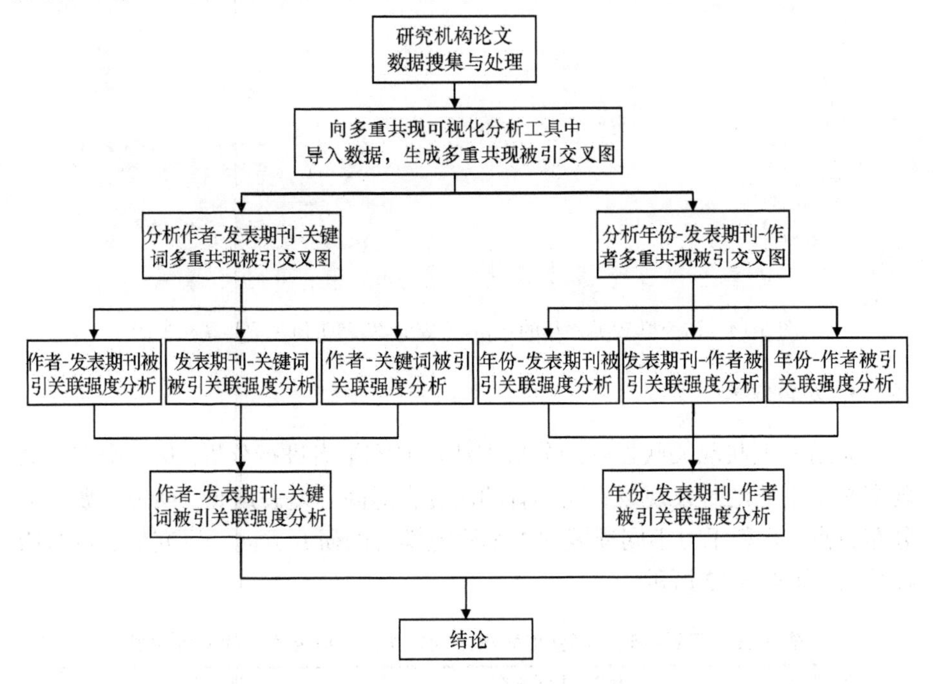

图 5-15　研究机构的三重共现被引关联强度分析模型

通过分析研究机构的作者-发表期刊-关键词、年份-发表期刊-作者两个三重共现的被引关联强度关系，可以找出研究机构的研究主题(关键词)在年份、发表期刊、作者中被关注的情况与被引趋势，并发现机构中被引度高的年份、作者和发表期刊之间的分布情况及变化趋势等。以下选取国科图作为机构样本进行三重共现的被引关联强度分析。

5.2.2　数据来源

本样例选取国科图作为机构样本进行分析。数据来自 CNKI 的中国学术期刊网络出版总库数据库，检索国科图(包括各分馆)所发表的论文，检索式为“作者单位=国家科学图书馆 or 文献情报中心 or 资源环境科学信息中心”，同时限定为模糊检索，论文发表年份限定为2001～2010年，共检索出2710条记录(检索日期为 2011 年 11 月 9 日)，通过数据清理(剔除新闻报道类、征稿类等论文，并排除第一作者单位不是国科图的论文)剩余 2113 篇论文。其中，对被引频次数据的统计截至 2011 年 11 月 9 日。为了数据处理的便捷需要，下述样例的分析只抽取了该论文集合中的第一作者作为分析数据。

5.2.3　样例分析

如图 5-16 和图 5-17 所示，从单个特征项的被引来看，作者按照被引频次多少从下至上排列，国科图被引频次前十的作者(被引频次)分别是：张晓林(994)、初景利(743)、张志强(605)、李春旺(527)、李景(350)、毛军(264)、郭家义(232)、文榕生(231)、张智雄(206)、常唯(205)。期刊被引频次多少由左向右排列，刊载国科图论文被引频次前十的期刊(被引频次)分别是：《图书情报工作》(3104)、《现代图书情报技术》(2006)、《中国图书馆学报》(1141)、《大学图书馆学报》(805)、《图书馆理论与实践》(576)、《图书馆杂志》(529)、《地球科学进展》(493)、《图书馆建设》(491)、《情报杂志》(477)、《现代情报》(401)。此外，国科图在 2002～2007 年发表的论文相对其他年份，其被引频次较多，其中在 2003 年发表论文的总被引频次最高，达 2159 次。

从两个特征项的被引共现来看，在作者-关键词被引共现中发现，国科图作者发文主题为“数字图书馆”的论文被引频次最多；张晓林以“数字图书馆”、“开放描述”为关键词的论文，李春旺、初景利以“学科馆员”为关键词的论文被引频

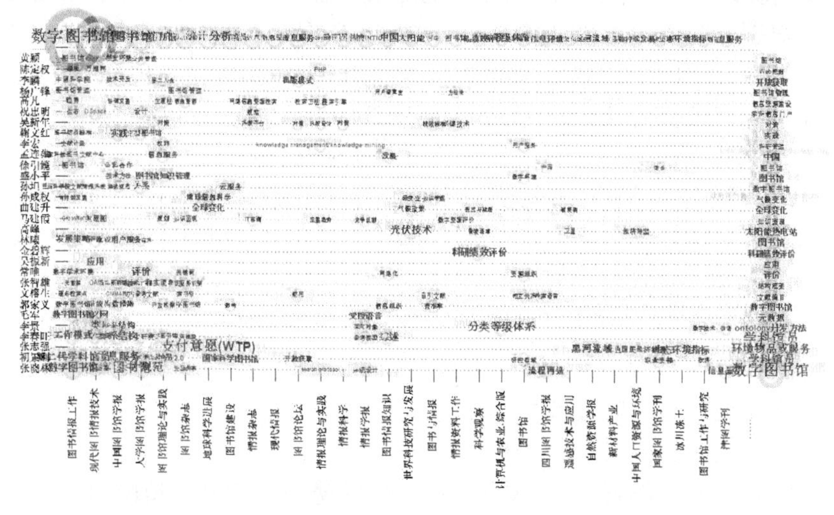

图 5-16　国科图机构的作者-发表期刊-关键词三重共现被引关联强度交叉图

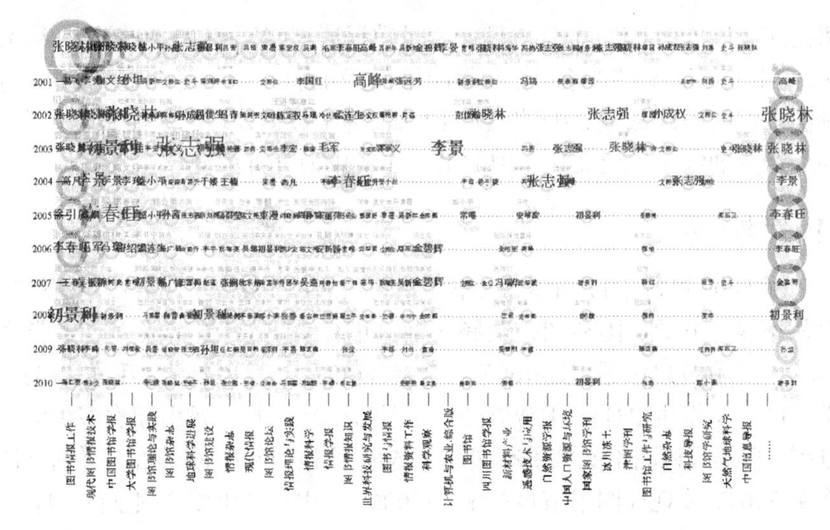

图 5-17　国科图机构的年份-发表期刊-作者三重共现被引关联强度交叉图

次都非常多，说明有非常多的人在关注国科图这些学者在相关领域的研究。此外，从年份-作者的被引共现中发现，2001～2010 年每年国科图被引频次最多的作者(被引频次)依次是高峰(117)、张晓林(430)、张晓林(269)、李景(195)、李春旺(233)、李春旺(96)、金碧辉(71)、初景利(221)、孙坦(46)、初景利(26)。从发表期刊-作者的被引共现中还可以发现，国科图某些作者在某类期刊中发表的论文总被引次数较多，说明有较多的人关注该类作者在这些期刊上所发表的论文。例如，张晓林在《图书情报工作》上发文的总被引频次为 277，初景利在《图书情报工作》上发文的总被引频次为 253，张志强在《地球科学进展》上发文的总被引频次为 249，张晓林在《中国图书馆学报》上发文的总被引频次为 219，吴振新在《现代图书情报技术》上发文的总被引频次为 196。

从三个特征项的被引共现来看，在年份-发表期刊-作者的三重被引共现中发现，近年来某些作者在某年内的某类期刊上发文的被引量众多。例如，2003 年张志强在《地球科学进展》、李景在《计算机与农业.综合版》、初景利在《中国图书馆学报》上的发文，以及 2005 年李春旺在《中国图书馆学报》、2002 年张晓林在《大学图书馆学报》上的发文，这也说明了这类作者在某年某期刊上所发表的成果引起了较为广泛的关注。

从以上实例分析可以归纳出以下结论：

(1) 通过三重共现的被引关联强度分析发现，按 2001～2010 年国科图发表论文的被引情况统计，被引频次最多的作者包括张晓林、初景利、张志强、李春旺、李景等，被引频次以《图书情报工作》、《现代图书情报技术》、《中国图书馆学报》、《大学图书馆学报》、《图书馆理论与实践》等期刊居多，其中国科图在 2003 年发表论文的总被引频次最高。

(2) 在论文关键词被引统计中，以“数字图书馆”为关键词的论文被引频次最多；张晓林发表以“数字图书馆”、“开放描述”为关键词的论文，李春旺、初景利发表以“学科馆员”为关键词的论文，其被引频次也较多。此外，还统计出 2001～2010 年国科图被引频次最多的作者，说明有较多的人在跟踪和引用国科图这类学者在相关领域的研究成果。

(3) 国科图有些作者在某类期刊中发表的论文总被引次数较多，说明有较多的人关注这类作者在某类期刊上所发表的论文，还有些作者在某年内某类期刊上发文的被引量众多，这也说明这类作者在某年某期刊上所发表的成果引起了较为广泛的关注。

5.2.4　分析效果

通过应用三重共现被引关联强度的分析方法对研究机构进行分析，能够从一个三重共现被引关联强度交叉图中同时揭示出一重、二重、三重共现被引的知识内容，提高了分析的效率。此外，在三重共现被引关联强度分析中，也能揭示出比一重、二重共现被引关联强度更深入的知识内容，例如，在二重共现被引关联强度中可以揭示出各研究人员主要被引的研究主题分布情况，而在三重共现被引关联强度中则能具体揭示出各研究人员在各发表期刊中主要被引的研究主题分布情况。具体分析效果如表 5-13 所示。

表 5-13　三重共现被引关联强度知识发现方法用于研究机构的分析效果

分析视觉	预期分析的内容	实际分析效果
一重共现	高被引特征项的排序(作者、发表期刊、年份)	发现国科图被引量居前的作者、发表期刊、年份以及国科图每年被引量的增长状况
二重共现	特征项两两之间的被引关联关系(作者-发表期刊、作者-关键词、发表期刊-关键词、年份-作者、年份-发表期刊)	从国科图发文的被引数据中可以进一步发现哪些作者在哪类期刊上发表的论文总被引次数较多、哪些作者的哪些研究主题被引量较多，以及各年内被引频次较多的作者和期刊，这说明它们都是被广泛关注和跟踪引用的研究对象
三重共现	作者-发表期刊-关键词、年份-发表期刊-作者三个特征项的被引关联关系	考察国科图中哪些作者在某年内某类期刊上发文的被引量较多，以及哪些作者在某类期刊上发表哪类研究主题的论文被引量较多

5.3 共现突发强度的实证分析

5.3.1 分析模型

突发是指特定时间段内的数据量显著异常于其他时间段。如何实时地、相对精确地检测出数据流中的突发并良好地呈现给用户，国内外已展开相关研究，并成为数据流挖掘领域的热点问题之一[100]。

在三重共现的突发强度分析中，通过观测特征项组合在某段时间内数据量的突发情况，可以发现其特征项组合的突发特征，还可依此分析其突发原因和突发趋势。以下选取国科图作为机构样本进行三重共现的突发关联强度分析，在分析中采用如图 5-18 所示的三重共现的特征项共现突发强度的分析模型。

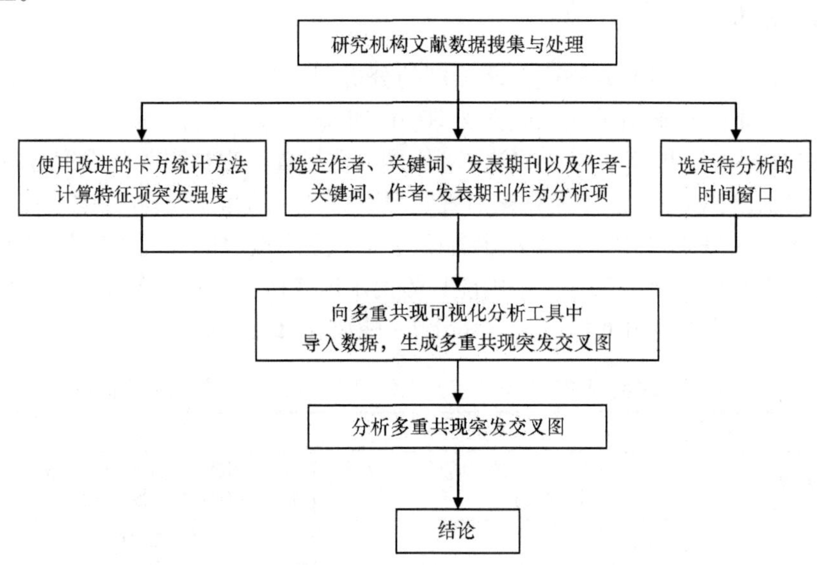

图 5-18 三重共现的特征项共现突发强度知识发现方法的分析模型

在设定特征项突发计算方法上，参照了基于卡方统计的热点词计算方法。以卡方统计方法为基础的热点词计算方法，是通过相依表卡方统计值计算词在某个时间窗内的热度。Swan 等提出的卡方统计算法的原理是采用卡方统计对比时间窗内包含词 w 的文档与时间窗外包含词 w 的文档的分布[101]。例如，基于表 5-14 的相依表，计算时间窗内词的卡方统计值 burst(w)的计算方法如下:

$$\mathrm{burst}(w)=(A+B+C+D)(AD-BC)^2/[(A+B)(C+D)(A+C)(B+D)] \quad (5\text{-}1)$$

其中，A 表示在时间窗 t 内包含词 w 的文档数；B 表示在时间窗 t 外包含词 w 的文档数；C 表示在时间窗 t 内不包含词 w 的文档数；D 表示在时间窗 t 外不包含词 w 的文档数。

表 5-14　词 w 与时间窗 t 的相依表

词 \ 时间窗	t	$\overline{t}$
w	A	B
$\overline{w}$	C	D

目前，采用基于卡方统计的热点词计算方法的研究如下：

(1) Swan 等[101,102]通过相依表卡方统计值计算词在某个时间窗内的热度，并对识别出的热点词进行分组。该方法适用于计算词在限定时间窗内的热度。Swan 等已经在 CNN 广播新闻和 Reuters 路透新闻语料中验证了该方法。Prabowo 等[103]采用卡方检验发现重要特征词，又引入了信息粒度计算词和时间的关系，并用每天 RSS 新闻中共同出现的词对来代表事件，揭示事件随时间线的演化关系。

(2) Wang 等[104]提出采用卡方统计和基于老化理论的媒体关注度和用户关注度来计算新闻话题的热度，进而每天自动对新闻话题进行在线排名。通过相依表卡方统计值计算词在某个时间窗内的热度。实验在在线新闻话题排名中得到验证。鉴于新闻每天大量更新的规模，该方法为实时探测和处理动态增长的新闻数据提出了一个新思路。但需要说明的是，采用卡方统计发现热点词的方法基于以下假定：特征词随时间到达频率呈随机二项式分布；随机过程的生成是静态的，不随时间而变化；对于任何特征词，随机过程是独立的。

但在实际计算过程中发现，在三重共现的突发关联强度的分析上，该方法对低频特征项的突发监测效果明显，但对大多高频的特征项突发监测效果不太理想。因此，本样例对该方法进行了改进，引入了一个原有的变量 A 与原来卡方统计值的乘积作为突发计算的公式：

$$\begin{aligned}\mathrm{burst}'(w) &= A\times \mathrm{burst}(w)\\ &= A(A+B+C+D)(AD-BC)^2/[(A+B)(C+D)(A+C)(B+D)] \quad (5\text{-}2)\end{aligned}$$

在具体的计算分析中，发现该计算方法对高频特征项和低频特征项的突发监测效果都较为明显，因此采用了该突发计算公式。

5.3.2　数据来源

本样例选取国科图作为机构样本进行分析。数据来自 CNKI 的中国学术期刊网络出版总库数据库，检索国科图(包括各分馆)所发表的论文，检索式为“作者单位=国家科学图书馆 or 文献情报中心 or 资源环境科学信息中心”，同时限定为模糊检索，论文发表年份限定为 2001～2010 年，共检索出 2710 条记录(检索日期为 2011 年 11 月 9 日)，通过数据清理(剔除新闻报道类、征稿类等论文，并排除第一作者单位不是国科图的论文)剩余 2113 篇论文。为了数据处理的便捷需要，下述样例的分析只抽取了该论文集合中的第一作者作为分析数据。

5.3.3　样例分析

图 5-19 是对国科图发表论文特征项的突发关联强度所作的交叉图。

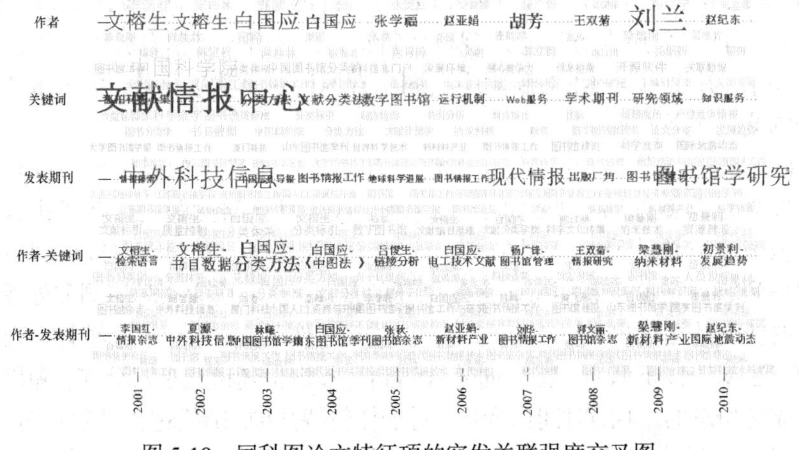

图 5-19　国科图论文特征项的突发关联强度交叉图

通过分析国科图作者、关键词、发表期刊、作者-关键词以及作者-发表期刊的突发关联强度发现:

(1) 从作者突发强度看，在 2001～2010 年早期，以文榕生、白国应等科研人员发表的文章数增长较多；而在时间段的后期，出现了较多国科图在读研究生的名字，代表这段时间内国科图的在读研究生发表文章的突发权值较高，是研究的新秀力量。

(2) 在关键词的突发强度上，2001～2010 年突发权值最高的关键词依次为都柏林核心集、文献情报中心、分类方法、文献分类法、数字图书馆、运行机制、Web 服务、学术期刊、研究领域、知识服务。从中可以看出，国科图每年研究热点迅速增长的方向。

(3) 在发表期刊上，2001～2010 年突发权值最高的刊物依次是《情报探索》、《中外科技信息》、《中国信息导报》、《图书情报工作》、《地球科学进展》、《图书情报工作》、《现代情报》、《出版广角》、《图书馆建设》、《图书馆学研究》。从中可以看出，国科图各年间在这类期刊上发表论文的数量增长较快。

(4) 在作者-关键词特征项的组合上，2001～2010 年早期以文榕生、白国应研究分类学的关键词组合较多，后期热点慢慢转移并分化，形成了百花齐放的局面，可以看到不同作者与多样化研究主题的特征项组合迅速增长。例如，吕俊生的"链接分析"研究，杨广锋的"图书馆管理"研究，王双菊的"情报研究"，梁慧刚的"纳米技术"研究，初景利对"图书馆管理"、"资源建设"的发展趋势研究等。

(5) 在作者-发表期刊特征项的组合上，2001～2010 年突发强度最高的组合项依次是李国红-情报杂志、夏源-中外科技信息、林曦-中国图书馆学报、白国应-山东图书馆季刊、张秋-图书馆杂志、赵亚娟-新材料产业、刘华-图书情报工作、郭文丽-图书馆杂志、梁慧刚-新材料产业、赵纪东-国际地震动态。从中可以看出，这类作者在各年间某类期刊上发表论文的突发强度较高。

5.3.4　分析效果

通过应用三重共现突发强度的分析方法对研究机构进行分析，能够观测多种特征项(或其组合)在某段时间内数据量的突发情况，可以发现其突发特征，并可依此分析其突发原因和突发趋势，揭示出比分析单一特征项突发情况更为广泛和深入的知识内容，如表 5-15 所示。

表 5-15　三重共现突发强度知识发现方法用于研究机构的分析效果

分析视觉	预期分析的内容	实际分析效果
单个特征项	单个特征项的突发强度排序(作者、关键词、发表期刊)	发现国科图论文集合中具有较高突发强度的作者、关键词、发表期刊在各年间的分布状况，从中可以看出国科图发文增长较多的作者、研究热点迅速增长的方向，以及刊载文章数增长较快的期刊

续表

分析视觉	预期分析的内容	实际分析效果
多对特征项	特征项两两之间的共现突发强度(作者-关键词、作者-发表期刊)	发现国科图论文集合中具有较高突发强度的作者-关键词、作者-发表期刊组合在每年的分布状况

5.4　各方法联立的实证分析

通过对以上各方法的联立分析，以期挖掘出运用单一知识发现方法所不能发现的知识内容。通过联立以上几节中对国科图发文数据的共现关联强度、被引关联强度、共现突发强度的分析可以发现以下知识内容(对图 5-8、图 5-9、图 5-16、图 5-17 和图 5-19 进行联立分析)：

(1) 从作者层面看，白国应、文榕生发表的论文较多，但是从被引量来看，反而是张晓林、初景利、张志强等的被引频次较高，说明目前较多人关注张晓林等的研究，而白国应等发文较多的作者反而不太受关注。此外，虽然国科图很多研究生在总发文量上比不上国科图的在职人员，但从共现突发强度交叉图中看，有很多研究生在 2005～2010 年间发表文章的突发性较高，说明研究生已逐步成为国科图科研的新秀力量。

(2) 从期刊层面看，国科图在《图书情报工作》和《现代图书情报技术》上的发文和被引量都较多，说明国科图在这些刊物上发表了较多的成果并引起了广泛的关注。

(3) 从关键词层面看，国科图发表以“数字图书馆”为主题的论文在数量和被引量上都是最高的，说明在 2001～2010 年，国科图在数字图书馆研究领域有大量的研究成果并引起了广泛的关注，是其他机构跟踪和学习的对象。此外，从关键词的突发强度看，“数字图书馆”一词在 2005 年突发强度最高，说明国科图从 2005 年开始迅速兴起“数字图书馆”领域的研究，随之涌现大量的研究成果并引起广泛的关注。

(4) 从作者-关键词共现层面看，虽然白国应、文榕生都在分类学领域发表了大量的论文，但是从被引情况看，张晓林关于数字图书馆研究的论文、初景利关于学科馆员研究的论文、张志强关于环境科学研究的论文反而被引频次更高。这说明外界对国科图的分类学研究领域关注度不高，而更多地关注国科图这类被引度高的学者在相关领域的研究，也预示着这类学者及其研究领域在一定程度上代表了国科图中具有一定影响力和领军研究的方向。

(5) 从作者-关键词-发表期刊共现层面来看，张晓林在《图书情报工作》、《中国图书馆学报》上虽然都以“数字图书馆”为研究主题各发文 5 篇，但在总被引频次上，以《中国图书馆学报》刊载的“数字图书馆”的文章被引频次最高，共达 183 次，而《图书情报工作》刊载的“数字图书馆”的文章总被引频次只有 108 次。这说明有更多的人关注张晓林在《中国图书馆学报》上发表的数字图书馆研究的文章，其发文的影响效果更为明显。

从以上揭示的知识内容来看，通过联立共现关联强度、被引关联强度、共现突发强度的分析，能够同时分析特征项之间的共现、被引、突发多个方面关系，并挖掘出运用单一知识发现方法所不能发现的知识内容，分析效果如表 5-16 所示。

表 5-16　各方法联立分析的效果

分析视觉	实际分析效果
一重共现的联立分析(作者、发表期刊、关键词)	发现国科图主力科研人员、新秀研究力量，国科图主要研究领域和被跟踪的焦点研究领域，以及新突显的研究领域等
二重共现的联立分析(作者-关键词)	考察国科图主要研究人员的主要研究领域、主要跟踪被引的领军人员及其研究领域等
三重共现的联立分析(作者-发表期刊-关键词)	考察国科图的研究人员在哪类期刊上发表哪类的研究主题影响效果更明显

5.5　小　　结

本章对多重共现的知识发现方法体系进行了实证研究，从以上多个三重共现分析范例可以看出，多重共现的知识发现方法可根据具体研究目的、研究内容选定分析方法、数据集合或特征项的组合进行分析。而且，不同的多重共现项组合，会依研究目的、分析方法和数据集的不同，揭示出不同方面的知识内容。

从分析效果看，在多重共现的知识发现方法中，由于是基于多重共现交叉图的分析，在一个三重共现交叉图中，可以同时分析出单个特征项的频次或聚类、三对特征项的共现关系以及一个三特征项共现的关系。因此，通过多重共现的知识发现方法就能基于一个三重共现交叉图来同时实现一重、二重、三重共现的分析效果，不仅可以提高分析效率，还可以从多个角度揭示出更为广泛和深入的知识内容，可见该知识发现方法具有一定的可行性，并比原来的一重、二重共现的可视化分析效果更好。

如图 5-20 所示，该套知识发现方法体系应用范围较为广泛，可以从研究领域、研究机构、机构间对比、研究学者等多个方面进行分析，并且可以依据分析的目的，选取该套方法体系中的一个或多个分析方法进行组合分析。例如，本章对国科图的实证分析，就选取了该套知识发现方法体系中的共现关联强度分析、被引关联强度分析、共现突发强度分析三个分析方法，同时从不同的角度(包括特征项的共现、被引以及突发方面)对国科图机构的研究状况进行了知识揭示。从中可以看出，多重共现的知识发现方法，由于其分析角度的多维化和分析方法的多样化，能够揭示出比一重或二重共现更为广泛和深入的知识内容。

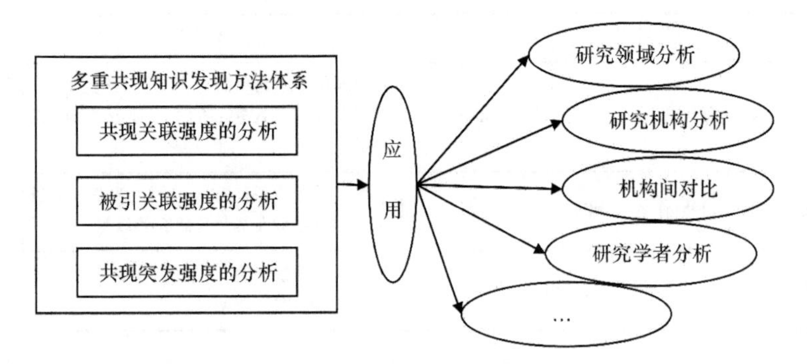

图 5-20　多重共现知识发现方法体系应用范畴

第 6 章　总结与展望

本书在目前共现相关理论和实践研究的基础上，界定了多重共现的概念，构建了一套多重共现的基础理论体系，研究了可用于多重共现的可视化方式，并进一步构建起多重共现知识发现方法的分析体系，包括共现关联强度、被引关联强度、共现突发强度三个方面，最后通过实证研究验证了该套方法体系的分析效果及其可应用的研究范畴。

6.1 研 究 总 结

6.1.1 相关理论的研究

本书对国内外共现相关领域的研究背景、发展现状与趋势、相关研究的理论与实践等进行了综述，归纳了目前不同共现研究的特点，并对不同特征项共现所能揭示的知识内容进行了分析。

通过研究发现目前对特征项共现的研究多集中在两个特征项之间的共现，而对三个或三个以上特征项之间的共现关系研究并不多，对多特征项共现的分析方法及可视化方式的研究也较为少见。而基于多个特征项共现的分析方法，与基于两个特征项共现的分析方法(包括主成分分析、聚类分析和多维尺度分析等多元统计分析方法)相比，在反映科学活动规律和科学知识领域方面增加了多个分析角度和信息来源，因此，其中蕴涵的信息量也大幅度增加，有很大的挖掘和探索价值。但是目前对多特征项共现的研究还没有形成一个系统的研究方法，并且目前研究的内容多集中于综合以往的两个特征项共现方法进行研究，多是通过融合多种两个特征项共现的方法揭示多特征项共现的关系。因此，如果能直接从三个或三个以上特征项共现的视觉出发，通过系统的知识发现方法研究揭示三个或三个以上特征项之间的共现关系，就显得非常有意义。

6.1.2 多重共现基础理论体系的构建

在 Morris 博士学位论文对共现研究的理论基础上，本书对其共现矩阵形式、数据组织形式进行了改进，并对其定义的代表不同特征项的变量符号进行了扩展，以适用于多重共现的分析需要。此外，基于多重共现矩阵形式的定义，本书还定义了延展系数的计算公式，并研究了其可应用的范畴。

通过上述的改进和研究，本书构建起一套独特的多重共现基础理论体系，包括多重共现的定义及研究范畴、用于多重共现的变量符号、多重共现的矩阵定义、多重共现的数据组织形式、多重共现的延展系数计算公式与应用范畴，具体如下。

(1) 多重共现的定义：三个或三个以上相同类型或不同类型特征项共同出现的现象。

(2) 多重共现的研究范畴：三个或三个以上特征项的共现都属于多重共现研究的范畴。

(3) 用于多重共现的变量符号如表 6-1 所示。

表 6-1　用于多重共现的变量符号

变量符号	英文名	中文名
p	paper	论文
ap	paper author	论文作者
jp	paper journal	论文期刊
yp	paper year	发表论文的年份
ip	paper institution	发表论文的单位
kwp	paper keyword	论文关键词
r	reference	参考文献
ar	reference author	参考文献的作者
jr	reference journal	参考文献的期刊
yr	reference year	参考文献的年份
ir	reference institution	参考文献的单位
kwr	reference keyword	参考文献的关键词

(4) 多重共现的矩阵定义如下。

$x_1, x_2, \cdots$代表不同的特征项(如关键词、作者、发表期刊等)，$i, j, \cdots$分别为$x_1, x_2, \cdots$中的具体对象。

$$O_{ijk\cdots}[x_1;x_2;x_3;\cdots]=\begin{cases}n, & \text{特征项}i\text{与特征项 }j\text{、}k\text{等共同出现的频次为}n\\ 0, & \text{特征项}i\text{、}j\text{、}k\text{等没有共同出现}\end{cases}$$

$$O'_{ijk\cdots}[x_1;x_2;x_3;\cdots]=\begin{cases}1, & \text{特征项}i\text{与特征项 }j\text{、}k\text{等共同出现的频次为}\\ & \text{1次或1次以上}\\ 0, & \text{特征项}i\text{、}j\text{、}k\text{等没有共同出现}\end{cases}$$

(5) 多重共现的数据组织形式为 $R(x_1, x_2, x_3,\cdots,\text{value})$，其中 $\text{value}_{ijk\cdots}=O_{ijk\cdots}[x_1;x_2;x_3;\cdots]$。

(6) 多重共现的延展系数计算公式与应用范畴如下。

定义 m_i、$\cdots$、m_j、m_k 分别为特征项 x_1、$\cdots$、x_{n-1}、x_n 包含的所有不同的对象数，则有式(6-1)～式(6-4):

$$E_{x_n}(i,\cdots,j)=\frac{\sum_{k=1}^{m_k}O_{i\cdots jk}[x_1;\cdots;x_n]}{O_{i\cdots j}[x_1;\cdots;x_{n-1}]} \tag{6-1}$$

$$E_{x_n}(x_1;\cdots;x_{n-1})=\frac{\sum_{i=1}^{m_i}\cdots\sum_{j=1}^{m_j}\sum_{k=1}^{m_k}O_{i\cdots jk}[x_1;\cdots;x_n]}{\sum_{i=1}^{m_i}\cdots\sum_{j=1}^{m_j}O_{i\cdots j}[x_1;\cdots;x_{n-1}]} \tag{6-2}$$

$$E'_{x_n}(i,\cdots,j)=\frac{\sum_{k=1}^{m_k}O'_{i\cdots jk}[x_1;\cdots;x_n]}{O'_{i\cdots j}[x_1;\cdots;x_{n-1}]} \tag{6-3}$$

$$E'_{x_n}(x_1;\cdots;x_{n-1})=\frac{\sum_{i=1}^{m_i}\cdots\sum_{j=1}^{m_j}\sum_{k=1}^{m_k}O'_{i\cdots jk}[x_1;\cdots;x_n]}{\sum_{i=1}^{m_i}\cdots\sum_{j=1}^{m_j}O'_{i\cdots j}[x_1;\cdots;x_{n-1}]} \tag{6-4}$$

E_{x_n} 可用于分析某特征项在每一篇论文中的平均数量分布状况；E'_{x_n} 则可用于分析某特征项在整个数据集内种类的分布状况。

6.1.3　多重共现的可视化方法研究

本书对可视化概念进行了概述，并分析了目前在知识图谱领域应用的可视化分析方法与软件工具。同时，也研究了可应用于多重共现的可视化分析方式，包括社会网络可视化方式以及交叉图技术可视化方式，还对这两种可用于多重共现可视化的具体分析方法、显示方式进行了阐述和展示。

在社会网络的可视化方式中，针对不同特征项共现的个数，可以选取多种多模网络图的可视化方式来组合分析，如在分析两个特征项之间的共现关系时，可通过选用一个 2 模网络图；在分析三个特征项之间的共现关系时，可通过三个 2 模网络图和一个 3 模网络图来组合分析；在分析三个以上特征项共现时，可通过多个多模网络图的组合来显示。

在交叉图的可视化方式中，针对不同特征项共现的个数，可以选取多种交叉图的可视化方式进行具体分析，例如，在分析两个特征项共现时，可以沿用 Morris 的交叉图可视化方式；在分析三个特征项共现时，则需使用改进后的交叉图技术；在分析三个以上特征项共现的可视化方式时，可以通过三维坐标图显示四个特征项共现关系，或者是把 x 轴、y 轴、z 轴上变成多个特征项的组合显示方式，以显示更多的特征项共现关系。

通过对比这两种不同可视化方式的特点可以发现，采用交叉图技术作为多重共现的可视化方式效果较好，主要是因为通过多重共现交叉图技术能够在一张图内同时显现出多个多模网络图中的共现信息，例如，在一个三重共现交叉图中就能够同时显现出三个二重共现关系以及一个三重共现关系。

6.1.4　多重共现知识发现方法的理论研究

本书对知识发现的概念、模型及其一般过程进行了分析，并且在知识发现方法研究的基础上，通过应用多重共现的交叉图可视化技术，构建起一套多重共现的知识发现方法体系。该知识发现方法的分析过程中也遵循以下一般的知识发现分析步骤：数据搜集与清理→数据处理(使用矩阵转换技术、降维技术、聚类分析等)→生成多重共现交叉图→分析多重共现交叉图特点→汇总知识发现结论。

多重共现知识发现方法体系包括共现关联强度的分析方法、被引关联强度的分析方法以及共现突发强度的分析方法。本书依据各类分析方法的不同特点设计其数据模型、分析模型以及分析样例。通过该方法体系的构建可以完善多重共现的知识发现方法，并从多个角度揭示多特征项之间的关联知识，包括对单个特征项的聚类分析或频次分析、两个特征项之间的关联关系，乃至多个特征项之间的关联关系。

而为了能有效地实现多重共现知识发现方法的分析过程，本书还针对多重共现知识发现过程的前期步骤(数据处理和生成多重共现交叉图步骤)，设计和开发了一个多重共现知识发现可视化分析工具(MOVT)，MOVT 能够对 CNKI 论文数据库中导出的论文题录数据进行处理，把论文数据转换成可用于多重共现分析的结构化数据形式，并进一步生成多重共现交叉图，以用于多重共现的知识发现分析。MOVT 可实现一重、二重、三重共现同时可视化分析的效果，因此其可应用的共现分析范围更广、效率更高、分析内容更为深入。

6.1.5　三重共现知识发现方法的实证研究

本书通过选取实际的三重共现样例，分别对多重共现中的共现关联强度、被引关联强度以及共现突发强度的知识发现方法进行实证研究，并发现多重共现的知识发现方法可根据具体研究目的、研究内容选定分析方法、数据集合或特征项的组合来进行分析。而且，不同的多重共现项组合会依研究目的、分析方法和数据集的不同，揭示出不同方面的知识内容。

从分析效果上看，在多重共现的知识发现方法中，由于是基于多重共现交叉图的分析，在一个三重共现交叉图中，可以同时分析出单个特征项的频次或聚类、三对特征项的共现关系以及一个三特征项共现的关系。因此，通过多重共现的知识发现方法就能基于一个三重共现交叉图来同时实现一重、二重、三重共现的分析效果，不仅可以提高分析效率，还可以从多个角度揭示出更为广泛和深入的知识内容，可见该知识发现方法具有一定的可行性，并比原来的一重、二重共现的可视化分析效果更好。

此外，多重共现的知识发现方法体系应用范围较为广泛，可以对研究领域、研究机构、机构间对比、研究学者等多个方面进行分析，而且可以依据分析的目的，选取该套方法体系中的一个或多个分析方法进行组合分析。例如，本书中对国科图的实证分析，选取了该套知识发现方法体系中的共现关联强度分析、被引关联强度分析、共现突发强度分析三个分析方法，同时从不同的角度(包括特征项的共现、被引以及突发)对机构的研究状况进行了知识揭示。从中可以看出，多重共现的知识发现方法，由于其分析角度的多维化和分析方法的多样化，能够揭示出比一重或二重共现更为广泛和深入的知识内容。

6.2　研究的创新之处

通过对三个及三个以上特征项共现的研究，本书的主要创新之处如下。

1) 多重共现的基础理论体系的构建

该基础理论体系包括多重共现的定义及研究范畴、用于多重共现的变量符号、多重共现的矩阵定义、多重共现的数据组织形式、多重共现的延展系数计算公式与应用范畴。通过该基础理论体系的构建，拓展共现现象的研究范围，为共现分析走向多角度、多维度的多重共现分析提供了基础理论的支持。

2) 可有效用于多重共现分析的可视化方式研究

本书通过对 Morris 交叉图的显示方式改进，设计出可用于多重共现的交叉图可视化方式。在一个多重共现的可视化交叉图中，能够同时展现出单个特征项的聚类或频次统计、三对特征项的共现关系以及三个特征项的共现关系，可进一步应用于多重共现的知识发现。

3) 多重共现知识发现方法体系的构建

本书基于多重共现的交叉图可视化方式，构建了可用于分析三个或三个以上特征项共现关系的知识发现方法，包括共现关联强度、被引关联强度以及共现突发强度的分析方法；并通过实证研究，选取了三个不同特征项共现的案例，证明该方法可应用于研究领域、研究机构、机构间对比、研究学者等方面的分析，同时具有较好的分析效果。由于该方法体系具有分析角度多维化和分析方法多样化的特点，通过该方法的分析，除了能够实现一重、二重共现等的分析效果，还能揭示出比一般共现更为广泛和深入的知识内容。

4) 多重共现知识发现可视化分析工具(MOVT)的设计与开发

本书自主设计并开发了可用于多重共现知识发现方法的交叉图可视化分析工具，通过该分析工具能够实现三个特征项共现的数据处理和交叉图可视化绘图效果。通过对三重共现交叉图的绘制，可实现一重、二重、三重共现同时可视化分析的效果，因此其可应用的共现分析范围更广、效率更高，分析内容更为深入。

6.3　研 究 展 望

1) 多重共现的可视化研究与应用前景

通过应用本书中基于多重共现的知识发现方法的可视化方法和软件工具

可以对研究机构、研究领域、研究学者等发表论文情况进行分析，能够观测所选论文集合中多种特征项(或其组合)在某段时间内数据的关联、被引以及突发情况，发现其关联、被引以及突发特征，并依此分析其变化原因及变化趋势，揭示出比分析单特征项和双特征项共现更为广泛和深入的知识内容。可见，基于多重共现的知识发现可视化方法应用范围较为广泛，可以对研究领域、研究机构、机构间对比、研究学者等多个方面进行分析，并且可以依据分析的目的，选取研究对象论文集合中的一个或多个特征项组合的方法进行组合分析。由此可见，基于多重共现的知识发现方法，由于其分析角度的多维化和分析目标的多样化，能够揭示出比一般共现更为广泛和深入的知识内容。

此外，随着大数据时代的来临，造就大数据时代的因素除了政府机构、媒体、企业等提供的数据，以及用户数据、社会化媒体平台上的 UGC、移动终端的地理信息、物联网技术的发展等，也使信息的数量急剧增长。大数据具有四个基本特征，即体量巨大(volume)、类型繁多(variety)、时效性高(velocity)、价值密度低(value)[105,106]，大数据的这些特征决定了研究快速有效的大数据分析处理技术的迫切性和必要性。因此，大数据分析一直是大数据研究领域的核心内容。大数据分析(big data analytics)是大数据理念与方法的核心，是指对海量、类型多样、快速增长、价值密度低的数据进行分析，从中发现可以辅助决策的隐藏模式、未知的相关关系以及其他有价值信息的过程。大数据分析一般可以从两个维度展开：一是从机器的角度出发，利用各种高性能处理算法、数据挖掘算法和机器学习算法对大数据进行分析处理；二是从人的角度出发，利用可视化方法、人机交互方法将人的认知能力融入大数据的分析过程中[107]。

图形图像承载的信息量远多于语言文字，人类从外界获得的信息中约有 80%以上来自视觉系统。可视化借助于人眼快速的视觉感知和人脑的智能认知能力，可以起到清晰有效地传达、沟通并辅助数据分析的作用。现代的数据可视化技术综合运用计算机图形学、图像处理、人机交互等技术，将采集或模拟的数据转换为可识别的图形符号、图像、视频或动画，并以此向用户呈现有价值的信息。用户通过对可视化的感知，使用可视化交互工具进行数据分析，获取知识，并进一步提升为智慧[108]。

对于结构复杂、规模较大的数据，已有的统计分析或数据挖掘方法往往是对数据的简化和抽象，这样会隐藏数据集的真实结构，而数据可视化则可还原乃至增强数据中的全局结构和具体细节。在大数据环境下，大数据本身的特点对数据可视化提出了更为迫切的需求与更加严峻的挑战[109]。大数据时代强调的是对大规模数据的综合处理能力，大数据带来了机遇与挑战，但是数据给人的直观感受却总是千差万别的，人们需要采用一种特别的方式来展示数据，以解释、分析和应用数据，并且达到有效传播的目的，这就是数据可视化技术。数据可视化(data visualization)是一门关于“形与色”的艺术，其旨在通过图形、符号、颜色、纹理等可视表达形式(visual forms)帮助用户感知数据、挖掘潜在规律、分析有意义的模式，进而探索出新的发现[108]。它充分利用了人眼高度的并行感知能力以达到“视物致知”的目的，即看见物体便可获取数据中蕴涵的知识。

如果将数据可视化比作一个翻译过程(即从数据到图形图像)[110]，“信达雅”则是评价该过程的一个最高标准。“信”强调可视化结果能真实、客观、全面地反映数据所包含的内容；“达”则要求所采用的可视表达形式清楚易懂，能有效地帮助用户分析数据；“雅”是一个更高层次的要求，要求可视化结果需兼顾美学意识，给用户留下愉悦的数据探索及分析体验[111]。

随着大数据时代处理技术和可视化技术的发展，可综合利用大数据处理技术和数据可视化技术，以提高数据规模较大时的数据可视化效果。而在大数据时代，想通过在科技文献的大数据中挖掘多个特征项之间关联的潜在知识，可以进一步利用大数据各类分析处理技术和可视化技术进行挖掘。例如，在数据来源方式上可以对海量、多源、异构的科技文献数据进行整合分析；多重共现的可视化分析工具还可以进一步利用三维的可视化插件，设计和开发相应的程序模块，来实现三维的可视化效果，以期用于四个或四个以上特征项的多重共现分析；在大数据环境下，数据可视化服务已经能够轻松做到即时生成，数据采集完成后可以立刻生成可视化方案，这类服务能即时地为用户创建出数据可视化，同时又能快捷、便利地揭示出数据间的关联和趋势；除了在计算机上对数据进行实时处理和可视化展示，在智能手机、平板电脑和车载电脑等平台日渐普及的当下，新的交互手段将成为数据可视化的趋势。

2) 多重共现知识发现研究方法的发展与应用领域

知识发现研究领域的文献增长趋势十分明显，尤其是进入 21 世纪，相关研究成果增长更为迅速，这种增长趋势将延续若干年，知识发现必将成为未来一段时间的研究热点。计算机科学是知识发现研究最主要的载体学科，一半以上的论文均涉及计算机相关知识，这与该领域研究大量依靠计算机技术密切相关；此外，工程学、运筹学与管理学、化学等也是知识发现研究较为重要的学科。杨硕妍[112]通过对高被引文献和高频关键词的深入分析发现，数据挖掘与知识发现概念、决策树、关联规则、神经网络是国外知识发现研究热度较高的领域。知识发现研究主要涉及四个主流领域，即数据挖掘与知识发现概念、决策树、关联规则、神经网络，后三者将是未来持续的研究热点。

基于数据库的知识发现(knowledge discovery, KD)，简称知识发现，是计算机科学发展最快的领域之一。决策树是人工智能建造分类模型中常用的技术，20 世纪 90 年代后期，决策树为数据挖掘技术中构建决策系统提供了强有力的技术保障；发展至今，决策树在数据挖掘技术应用中发挥着日益强大的作用，机器学习的分类和预测是决策树研究中最为重要的两个课题。关联规则用于发现大量数据中项集之间有趣的关联或相关联系，它是数据挖掘的核心课题。神经网络是模拟人类的形象直觉思维，在对脑细胞和神经元基本特性研究的基础上，根据生物神经元和神经网络的特点，通过简化、归纳，提炼总结出来的一类并行处理网络，利用其非线性映射的思想和并行处理的方法，用神经网络本身的结构来表达输入和输出的关联知识，因此该理论中蕴涵着大量数学方法和生物学特征。

在多重共现的研究中目前已针对各类特征项组合的多重共现(如机构-发表期刊-关键词、年份-关键词-机构、年份-关键词-发表期刊、作者-发表期刊-关键词、年份-发表期刊-作者)进行了分析，针对其他不同特征项组合的多重共现(如作者-年份-参考文献、作者-引证作者-引证年份等)的知识发现效果，还有待进一步的研究和证明。结合多重共现的基础理论和交叉图可视化方式，可根据具体特征项的组合来研究更有针对性的数据挖掘算法以增强和展示深度知识发现的效果。将来的研究将继续引入相关知识发现的理论方法，如数据挖掘与知识发现、决策树、关联规则、神经网络等技术挖掘更多更深入的多特征项之间共现的一般规律与特殊规律。并且，可以对其知识发现效果继续进行深入研究，对不同特征项组合的分析效果进行归纳和总结。此外，基于多重共现的知识发现方法还可以针对不同的科学领域，如针对其他自然科学、社会科学等不同领域进行的知识发现，进行更多的实证研究，以进一步验证多重共现知识发现方法的可行性和适用范畴。

3) 多重共现突发强度分析和监测研究的拓展

基于多重共现突发强度的分析方法研究是将各学科领域科技论文文献载体中的多特征项共现信息定量化、重点热点突发的信息内容可视化的知识图谱分析方法。Pang[113]在 2012 年提出了多特征共现的研究方法与可视化方式，通过多特征共现的分析可以在一定程度上从多维度观测科技文献中蕴涵的科研发展规律。

从动态论文文档流中探测出突发的特征项对识别密集的内容、活跃的特征项以及预测文本内容的发展走势具有重要的意义。多重共现突发强度的分析旨在从多种角度提取特征项的突发特征，并研究探索合理有效的技术方法对特征项的突发特征进行动态分析和深度挖掘，发现多种特征项突发中所隐含的知识内容。例如，突发监测有助于发现特定学科领域中的新兴趋势和主题热点，而根据突发权重可以进行突发程度排序，从而能够更有效地揭示突发状态，确保对突发状态的发展分析具有重要的意义。从传统的情报分析角度，文献的相关特征如主题词、作者、机构、资助、出版物、期刊等是描绘一个知识领域概况的重要因素，研究者据此跟踪研究主题的涌现和演化，识别密集的科研成果和新兴的研究趋势。

突发监测研究与多特征项共现密切相关，多特征项共现突发强度的分析是通过对多个特征项共现突发权值的分析，来揭示其变化状况及突发的热点内容。共现突发强度越大，说明特征项在某时间段内的突发和活跃程度越高，例如，通过分析某研究机构发表论文中作者-关键词-发表期刊的共现突发强度，可以发现该研究机构中突发和活跃程度较高的作者、研究领域、发表期刊以及三者之间共现的活跃内容。

本书对科技论文中多重共现突发强度分析的算法实现和可视化图谱方式进行了研究，在实际的样例分析中使用了改进后的基于卡方统计的热点词计算方法，并采用了改进后的交叉图可视化方法对计算结果进行了可视化。通过应用本书中多重共现突发强度的分析方法对研究机构进行分析，能够观测多种特征项(或其组合)在某段时间内数据量的突发情况，可以发现其突发特征，并依此分析其突发原因和突发趋势，揭示出比分析单一特征项突发情况更为广泛和深入的知识内容。此外，该方法除了可以对研究机构进行分析，也可以应用到研究领域、研究学者等的监测(如监测某主题研究领域的作者、关键词、发表期刊等的突发情况)。在未来的多重共现突发强度分析和监测研究中，可以对比各类不同的突发监测分析方法在多重共现突发强度分析和监测中的应用效果，对科技文献各类特征项组合的共现和被引的突发情况进行研究分析，找出科技文献中特征项突发的一些潜在规律，并进行相应的监测和预测分析，以期在反映科学活动规律和科学知识领域方面增加多个分析角度和信息来源，并能为研究人员、科研管理部门等多方位了解科学活动和进行决策分析提供可靠依据。

参 考 文 献

[1] Morris S A. Unified mathematical treatment of complex cascaded bipartite networks: The case of collections of journal papers[D]. Oklahoma: Oklahoma State University, 2005.

[2] Egghe L, Rousseau R. Co-citation, bibliographic coupling and a characterization of lattice citation networks[J]. Scientometrics, 2002, 55(3): 349-361.

[3] Kessler M M. Bibliographic coupling between scientific papers[J]. Journal of the Association for Information Science and Technology, 1963, 14(1): 10-25.

[4] Small H. Macro-level changes in the structure of co-citation clusters: 1983-1989[J]. Scientometries, 1993, 26(1): 5-20.

[5] Small H. Co-citation in the scientific literature: A new measure of the relationship between two documents[J]. Journal of the American Society for Information Science, 1973, 24(4): 28-31.

[6] White H D, Griffith B C. Author co-citation: A literature measure of intellectual structure[J]. Journal of the American Society for Information Science, 1981, 32(3): 163-169.

[7] McCain K W. Mapping authors in intellectual space: A technical overview[J]. Journal of the American Society for Information Science, 1990, 41(6): 433-443.

[8] 杨立英. 科技论文共现理论与应用[D]. 北京: 中国科学院文献情报中心, 2007.

[9] 刘则渊, 陈悦, 侯海燕, 等. 科学知识图谱方法与应用[M]. 北京: 人民出版社, 2008: 34.

[10] McCain K W. Mapping economics through the journal literature: An experiment in journal co-citation analysis[J]. Journal of the American Society for Information Science, 1991, 42: 290-296.

[11] McCain K W. Neural networks research in context: A longitudinal journal cocitation analysis of an emerging interdisciplinary field[J]. Scientometrics, 1998, 41(3): 389-410.

[12] Ding Y, Chowdhury G G, Foo S. Journal as markers of intellectual space: Journal co-citation analysis of information retrieval area, 1987-1997[J]. Scientometrics, 2000, 47(1): 55-73.

[13] 侯海燕. 国际科学计量学核心期刊知识图谱[J]. 中国科技期刊研究, 2006, 17(2): 240-243.

[14] 郑华川, 崔雷. 胃癌前病变低频被引论文的共词和共篇聚类分析[J]. 中华医学图书情报杂志, 2002, 11(3): 1-3.

[15] Callon M, Law J, Rip A. Mapping the Dynamics of Science and Technology: Sociology of Science in the Real World[M]. New York: Sheridan House Inc., 1986: 56.

[16] 冯璐, 冷伏海. 共词分析方法理论进展[J]. 中国图书馆学报, 2006, 32(2): 88-92.

[17] Healey P, Rothman H, Hoch P K. An experiment in science mapping for research planning[J]. Research Policy, 1986, 15(5): 233-251.

[18] Leydesdorff L. Why words and co-words cannot map the development of the sciences[J]. Journal of the American Society for Information Science, 1997, 48(5): 418-427.

[19] 梁立明，武夷山，等. 科学计量学：理论探索与案例研究[M]. 北京：科学出版社，2006: 25.

[20] Beaver D D, Rosen R. Studies in scientific collaboration—Part I. The professional origins of scientific co-authorship[J]. Scientometrics, 1978, 1(1): 65-84.

[21] Bookstein A, Moed H, Yitzahki M. Measures of international collaboration in scientific literature: Part II[J]. Information Processing and Management, 2006, 42(6): 1422-1427.

[22] Börner K, Penumarthy S, Meisss M, et al. Mapping the diffusion of scholarly knowledge among major US research institutions[J]. Scientometrics, 2006, 68(3): 415-426.

[23] Yang L Y, Jin B H. A co-occurrence study of international universities and institutes leading to a new instrument for detecting partners for research collaboration[J]. ISSI Newsletter, 2006, 2(3): 7-9.

[24] Zhao D, Strotmann A. Evolution of research activities and intellectual influences in information science 1996—2005: Introducing author bibliographic-coupling analysis[J]. Journal of the American Society for Information Science and Technology, 2008, 59(13): 2070-2086.

[25] 刘志辉, 张志强. 作者关键词耦合分析方法及实证研究[J]. 情报学报, 2010, 29(2): 268-275.

[26] 黄晓斌, 邓爱贞. 现代信息管理的深化——数据挖掘和知识发现的发展趋势[J]. 现代图书情报技术, 2003, 19(4): 1-3.

[27] MBA 智库百科. 知识发现[EB/OL]. http://wiki.mbalib.com/wiki [2010-10-21].

[28] Braam R R, Moed H F, van Raan A F. Mapping of science by combined co-citation and word analysis. I: Structural aspects[J]. Journal of the American Society for Information Science and Technology, 1991, 42(4): 233-251.

[29] Braam R R, Moed H F, van Raan A F. Mapping of science by combined co-citation and word analysis. II: Dynamical aspects[J]. Journal of the American Society for Information Science and Technology, 1991, 42(4): 252-266.

[30] Morris S A, Deyong C, Wu Z, et al. DIVA: A visualization system for exploring document databases for technology forecasting[J]. Computers and Industrial Engineering, 2002, 43(4): 841-862.

[31] Morris S A, Yen G G. Crossmaps: Visualization of overlapping relationships in collections of journal papers[EB/OL]. http://www.pnas.org/content/101/suppl.1/5291.full [2010-10-21].

[32] 胡琼芳, 曾建勋. 基于多共现的文献相关度判定研究[J]. 情报理论与实践, 2010, 33(8): 77-80.

[33] 张婷. 科学传播研究的可视化分析[D]. 大连: 大连理工大学, 2009.

[34] Leydesdorff L. What can heterogeneity add to the scientometric map? Steps towards algorithmic historiography[EB/OL]. http://arxiv.org/abs/1002. 0532 [2011-3-21].

[35] 王曰芬, 宋爽, 苗露. 共现分析在知识服务中的应用研究[J]. 现代图书情报技术, 2006, 1(4): 29-34.

[36] Englesman E C, van Raan A F. Mapping of technology: A first exploration of knowledge diffusion amongst fields of technology[R]. CWTS Report, 1991.

[37] 杨峰. 从科学计算可视化到信息可视化[J]. 情报杂志, 2007, 26(1): 18-20.

[38] 刘勘, 周晓峥, 周洞汝. 数据可视化的研究与发展[J]. 计算机工程, 2002, 28(8): 1-2, 63.

[39] Mizoguehi F. Anomaly detection using visualization and machine learning-enabling technologies: Infrastructure for collaborative enterprises[C]. WET ICE: IEEE 9th International Workshops on Enabling Technologies, Gaithersburg, 2000: 165-170.

[40] 韩丽娜. 数据可视化技术及其应用展望[J]. 煤矿现代化, 2005, (6): 39-40.

[41] Robertson G, Card S K, MacKinlay J D, et al. The cognitive co-processor for interactive user interfaces[C]. Proceedings of the ACM SIGGRAPH Symposium on User Interface Software and Technology, Williamsburg, 1989: 10-18.

[42] Stuart K C, Jock D M, Ben S. Readings in Information Visualization: Using Vision to Think[M]. San Francisco: Morgan Kaufmann, 1999: 341.

[43] Eppler M J, Burkard R A. Knowledge visualization: Towards a new discipline and its fields of application[EB/OL]. http: //www. knowledge-communication. org/pdf/knowledge%20 visualization%20towards%20a%20new%20discipline.pdf [2017-5-1].

[44] Chen C M, Paul R J. Visualizing a knowledge domain's intellectual structure[J]. IEEE Computer, 2001, 34(3): 65-71.

[45] 赵焕芳, 朱东华. 信息可视化在技术监测中的应用[J]. 情报杂志, 2005, 24(12): 46-48.

[46] 廖胜姣, 肖仙桃. 科学知识图谱应用研究概述[J]. 情报理论与实践, 2009, 32(1): 122-125.

[47] 梁秀娟. 科学知识图谱研究综述[J]. 图书馆杂志, 2009, (6): 58-62.

[48] 侯海燕. 基于知识图谱的科学计量学进展研究[D]. 大连: 大连理工大学, 2006.

[49] Synnestvedt M B, Chen C, Holmes J H. CiteSpaceII: Visualization and knowledge discovery in bibliographic databases[C]. American Medical Informatics Association Annual Symposium, Washington, 2005: 724-728.

[50] Chen C. Searching for intellectual turning points: Progressive knowledge domain visualization[J]. Proceedings of the National Academy of Sciences, 2004, 101(Sl): 5303-5310.

[51] Chen C. Bridging the gap: The use of pathfinder networks in visual navigation[J]. Journal of Visual Languages and Computing, 1998, 9(3): 267-286.

[52] Chen C, Morris S. Visualizing evolving networks: Minimum spanning trees versus pathfinder networks[C]. IEEE Conference on Information Visualization, Washington, 2003: 67-74.

[53] Batagelj V, Mrvar A. Pajek-program for large network analysis[J]. Connections, 1998, 21(2): 47-57.

[54] Borgatti S P, Everett M G, Freeman L C. Ucinet for Windows: Software for social network analysis[R]. Massachusetts: Analytic Technologies, 2002.
[55] Netminer C. Social network analysis software[EB/OL]. http://www.netminer.com [2011-3-21].
[56] Garfield E, Paris S, Stock W. HistCiteTM: A software tool for informetric analysis of citation linkage[J]. Infometrics, 2006, 57(8): 391-400.
[57] 李运景. 引文编年可视化软件 HistCite 介绍与评价[J]. 图书情报工作, 2006, 50(12): 135-138.
[58] 张月红. HistCite——一个新的科学文献分析工具[J]. 中国科技期刊研究, 2007, 18(6): 1096.
[59] 陈玉光. 面向中文数据库的学科知识计量及可视化系统研究与实现[D]. 大连: 大连理工大学, 2010.
[60] 周春雷, 王伟军, 成江东. CNKI 输出文件在文献计量中的应用[J]. 图书情报工作, 2007, 5(7): 124-126.
[61] 朱学芳, 周挽澜, 常艳丽. 中文作者共被引分析系统可视化实现研究[J]. 情报学报, 2008, 27(4): 572-577.
[62] 姜春林, 杜维滨, 李江波. CSSCI 文献数据共现矩阵的软件实现[J]. 情报理论与实践, 2008, 31(6): 121, 139-142.
[63] 王陆. 典型的社会网络分析软件工具及分析方法[J]. 中国电化教育, 2009, (4): 95-100.
[64] 魏顺平. 社会网络分析及其应用案例[J]. 现代教育技术, 2010, 20(3): 29-34.
[65] 刘军. 社会网络分析导论[M]. 北京: 社会科学文献出版社, 2004: 4.
[66] 裴雷, 马费成. 社会网络分析在情报学中的应用和发展[J]. 图书馆论坛, 2006, 26(6): 40-45.
[67] 钱振华. 国内科技哲学领域合著者派系分析与可视化研究[J]. 北京科技大学学报(社会科学版), 2011, 27(4): 78-84.
[68] 庞弘燊, 方曙, 付鑫金, 等. 科研机构的科研状况研究——基于论文特征项共现分析方法[J]. 国家图书馆学刊, 2011, (3): 67-75.
[69] 杨良斌, 杨立英, 乔忠华. 基因组学领域的学术机构科研活动分析[J].图书与情报, 2010, (3): 93-98.
[70] 搜狗百科. 数据[EB/OL]. http://baike.sogou.com/h91953.htm?sp=Sprev&sp=l59921012 [2017-5-1].
[71] 田波. 谈谈信息与信息社会[J]. 今日科技, 1985, (1): 11-13.
[72] 搜狗百科. 知识[EB/OL]. http://baike.sogou.com/v97515.htm?fromTitle=%E7%9F%A5%E8%AF%86 [2017-5-1].
[73] Drucker P F. Knowledge management[J]. Harvard Business Review, 1991, (6): 35-37.
[74] Prusak L.The knowledge advantage[J]. Strategy and Leadership, 1996, 24(2): 6-8.
[75] Mitra S, Pal S K, Mitra P. Data mining in soft computing framework: A survey[J]. IEEE Transactions on Neural Networks, 2002, 13(1): 3-13.

[76] 吴新垣. 从数据挖掘到知识发现[J]. 舰船电子工程, 2001, (2): 31-41.
[77] 卢宁. 面向知识发现的知识关联揭示及其应用研究[D]. 南京: 南京理工大学, 2007.
[78] 徐勇. 知识发现及其相关技术的研究[J]. 安徽教育学院学报, 2005, 23(3): 50-52.
[79] 曹锦丹. 基于文献知识单元的知识组织——文献知识库建设研究[J]. 情报科学, 2002, 20(11): 1187-1189.
[80] 蔡言厚, 杨华. 论被引频次评价的适应性、局限性和不合理性[J]. 重庆大学学报(社会科学版), 2009, 15(5): 59-62.
[81] 师昌绪, 田中卓, 黄孝瑛, 等. 什么是《科学引文索引》(SCI)及我国所处的学术地位[J]. 自然科学进展, 1997, (4): 124-130.
[82] Chen K Y, Luesukprasert L, Chou S. Hot topic extraction based on timeline analysis and multidimensional sentence modeling[J]. IEEE Transactions on Knowledge and Data Engineering, 2007, 19(8): 1016-1025.
[83] Ye H, Chen W, Dai G. Design and implementation of on-line hot topic discovery model[J]. Wuhan University Journal of Natural Sciences, 2006, 11(1): 21-26.
[84] Castellanos M. Survey of Text Mining: Clustering, Classification, and Retrieval[M]. Berlin: Springer Science + Business Media Inc., 2004: 123-155.
[85] 王伟, 许鑫. 基于聚类的网络舆情热点发现及分析[J]. 现代图书情报技术, 2009, 3(3): 74-79.
[86] Kontostathis A, Galitsky L M, Pottenger W M, et al. Survey of Text Mining: Clustering, Classification, and Retrieval[M]. Berlin: Springer Science + Business Media Inc., 2004: 185-219.
[87] Glance N, Hurst M, Tomokiyo T. BlogPulse: Automated trend discovery for weblogs [EB/OL]. http://oak.cs.ucla.edu/~sia/blogresearch/www2004glance.pdf [2017-5-1].
[88] 洪娜. 潜在爆发词探测的技术方法研究[D]. 北京: 中国科学院文献情报中心, 2010.
[89] Kleinberg J. Bursty and hierarchical structure in streams[J]. Data Mining and Knowledge Discovery, 2003, 7(4): 373-397.
[90] 张树良. 研究领域的多学科属性度量及其多学科结构揭示[D]. 北京:中国科学院文献情报中心, 2007.
[91] 刘志辉, 张志强. 研究领域分析方法研究述评[J]. 图书情报知识, 2009, (4): 81-88.
[92] 沈鹤林. 基于关键词的核心期刊主题动态可视化研究[J]. 图书情报工作, 2010, 54(8): 144-148.
[93] 毕强, 牟冬梅, 王丽伟. 数字图书馆关键技术的比较研究[J]. 图书情报工作, 2004, 48(5): 27-31.
[94] 魏瑞斌. 基于关键词的情报学研究主题分析[J]. 情报科学, 2006, 24(9): 1400-1404.
[95] 中国校友会网. 2011 中国大学排行榜揭晓, 北京大学实现 4 连冠[EB/OL]. http://www.cuaa.net/cur/2011 [2011-3-21].
[96] 南京大学中国社会科学研究评价中心. (2010—2011)CSSCI 来源期刊目录[EB/OL]. http://orig. cssn. cn/bk/bkpd_zwshkxywsy/201312/t20131204_894024.shtml [2017-5-1].

[97] 庞弘燊, 方曙. 基于多重共现的可视化分析工具设计及其知识发现方法研究[J]. 图书情报知识, 2012, (2): 100-107.

[98] Butler P. An Introduction to Library Science[M]. Chicago: University of Chicago Press, 1933: 22.

[99] 郑永田, 庞弘燊. 吴稌年与近代图书馆史研究[J]. 图书馆, 2012, (1): 36-39.

[100] 袁志坚, 王乐, 田李, 等. 数据流突发检测研究与进展[J]. 计算机工程与应用, 2008, 44(21): 1-4.

[101] Swan R, Jensen D. TimeMines: Constructing timelines with statistical models of word usage[EB/OL]. http://www.cs.cmu.edu/~dunja/KDDpapers/Swan_TM.pdf [2009-1-12].

[102] Swan R, Allan J. Automatic generation of overview timelines[C]. SIGIR 2000: Proceedings of the 23rd Annual International ACM SIGIR Conference on Research and Development in Information Retrieval, Athens, 2000: 49-56.

[103] Prabowo R, Thelwall M, Alexandrov M. Generating overview timelines for major events in an RSS corpus[J]. Journal of Informetrics, 2007, 1(2): 131-144.

[104] Wang C, Zhang M, Ru L, et al. Automatic online news topic ranking using media focus and user attention based on aging theory[C]. Conference on Information and Knowledge Management, Napa Valley, 2008: 1033-1042.

[105] 严霄凤, 张德馨. 大数据研究[J]. 计算机技术与发展, 2013, 23(4): 168-172.

[106] 陈如明. 大数据时代的挑战、价值与应对策略[J]. 移动通信, 2012, 36(17): 14-15.

[107] 任磊, 杜一, 马帅, 等. 大数据可视分析综述[J]. 软件学报, 2014, 25(9): 1909-1936.

[108] 陈为, 沈则潜, 陶煜波. 数据可视化[M]. 北京: 电子工业出版社, 2013.

[109] 王瑞松. 大数据环境下时空多维数据可视化研究[D]. 杭州: 浙江大学, 2016.

[110] 屈华民. 大数据时代的可视化与协同创新[J]. 新美术, 2013, (11): 21-27.

[111] 陈海东. 不确定性可视化及分析方法研究[D]. 杭州: 浙江大学, 2015.

[112] 杨硕妍. 国外知识发现研究进展可视化分析[J]. 科技管理研究, 2014, 34(7): 167-172.

[113] Pang H. A knowledge discovery method based on analysis of multiple co-occurrence relationships in collections of journal papers[J]. Chinese Journal of Library and Information Science, 2012, 5(4):9-20.

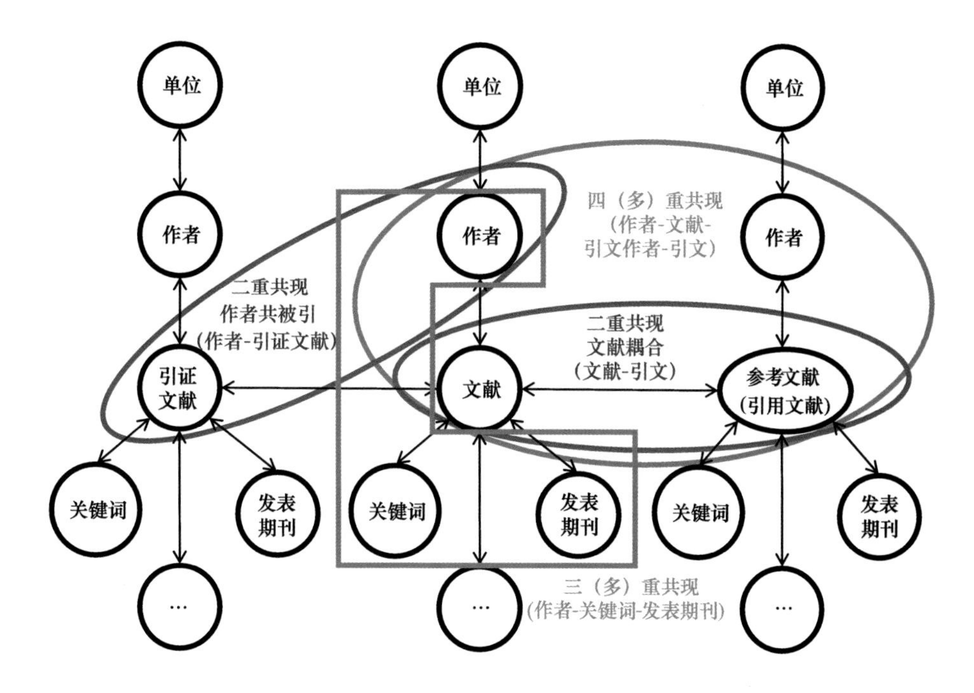

图 2-1　多重共现与二重共现研究对象的区别

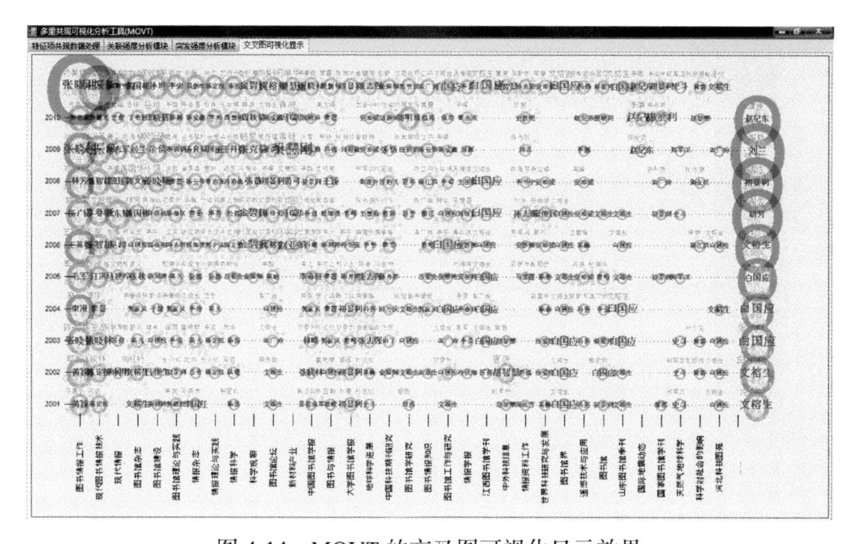

图 4-14　MOVT 的交叉图可视化显示效果

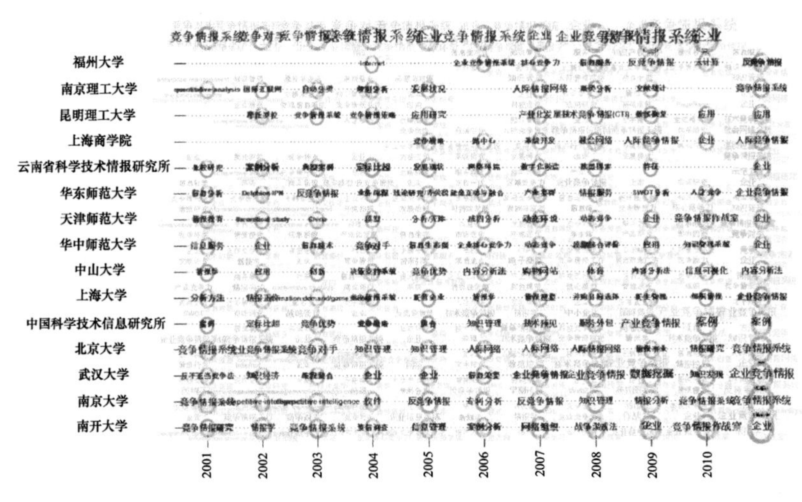

图 5-3　年份-关键词-机构三重共现交叉图(竞争情报领域分析)

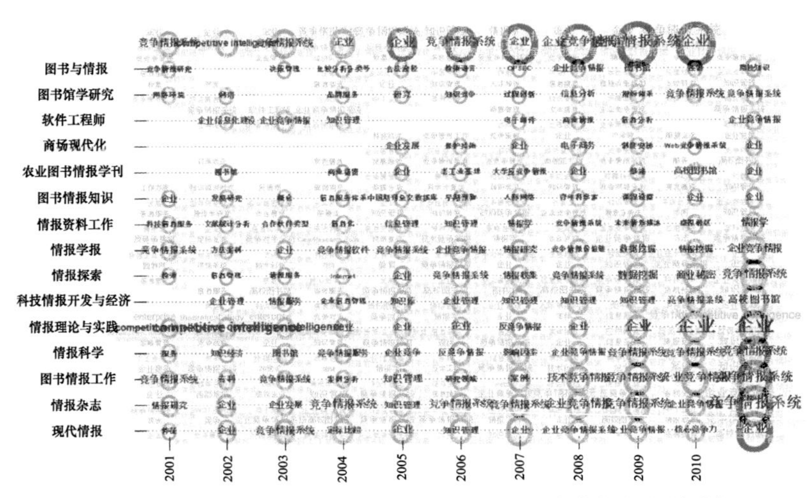

图 5-4　年份-关键词-发表期刊三重共现交叉图(竞争情报领域分析)

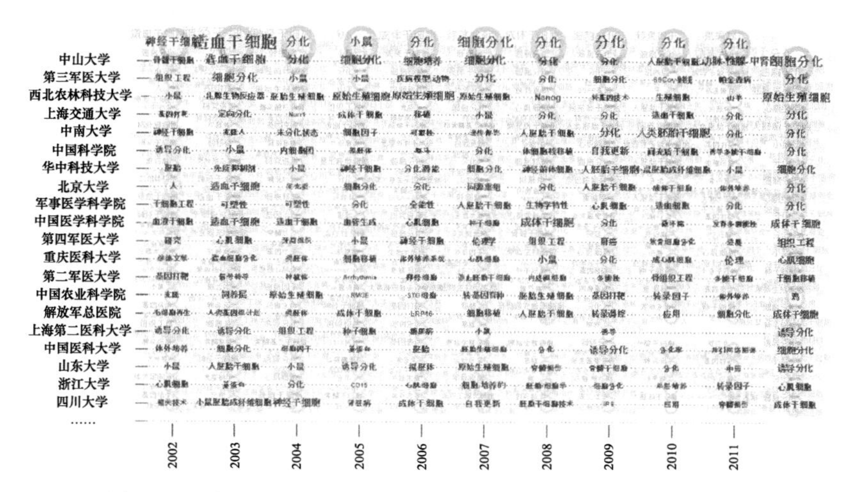

图 5-5　机构-年份-关键词多重共现交叉图(胚胎干细胞研究领域)

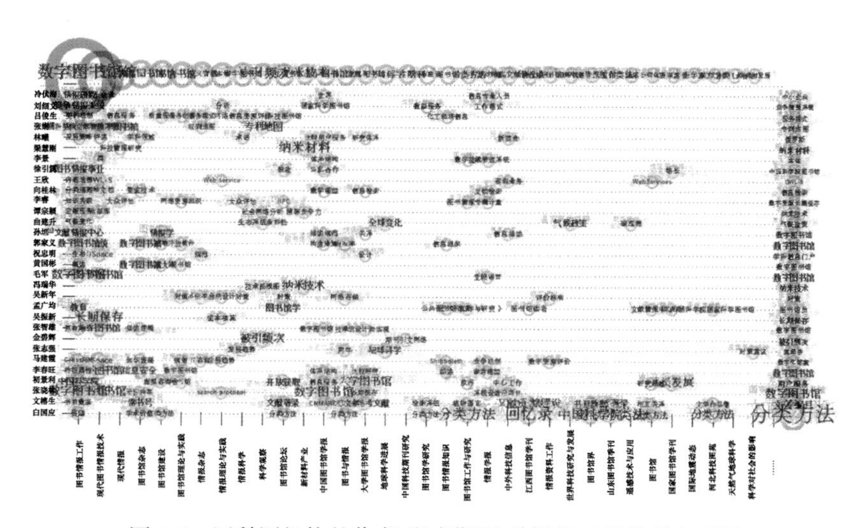

图 5-8　国科图机构的作者-发表期刊-关键词三重共现交叉图

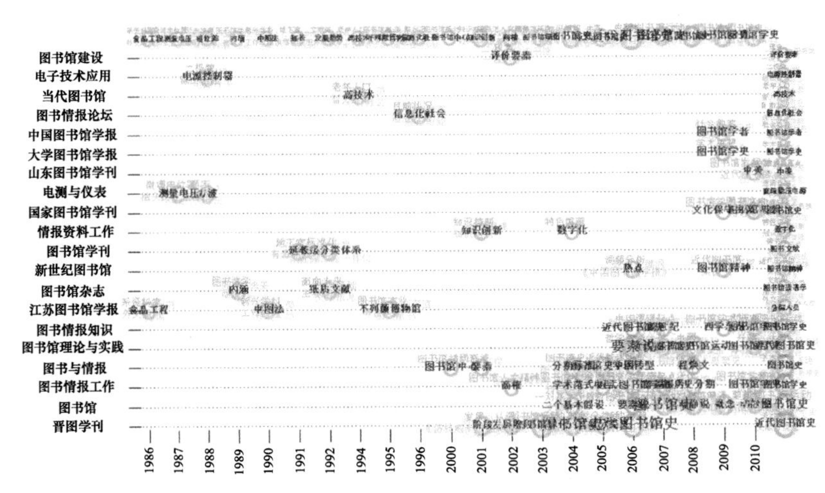

图 5-14　研究学者吴稌年的年份-关键词-发表期刊三重共现交叉图

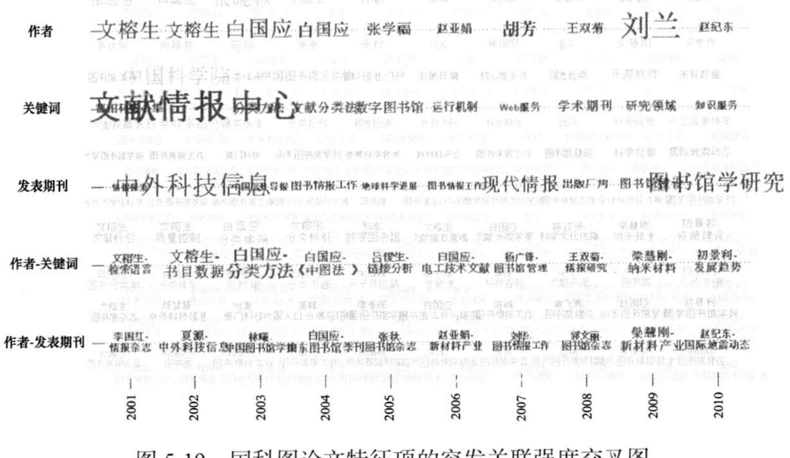

图 5-19　国科图论文特征项的突发关联强度交叉图